한국의 나비

글/남상호 ● 사진/이수영, 남상호

대원사

남상호 ──────────────

1949년 경기도 용인에서 태어나 고려대학
교 생물학과 및 대학원을 수료하였다. 고
려대학교 한국곤충연구소 연구원 및 연구
교수를 거쳐 현재 대전대학교 생물학과 교
수로 있다. 곤충 관련 논문 50여 편을 발표
하였으며, 저서로는 『한국동식물도감 곤충
편 Ⅷ·Ⅸ』 『유아용 그림책』 『한국의 곤
충』 『원색도감 한국의 곤충』 『한국곤충생
태도감』 등 18권이 있으며, 『과학 앨범』 등
63권의 곤충 분야 책을 감수하였다.

이수영 ──────────────

1953년 경기도 수원에서 태어났으며, 10여
년 동안 국내외를 다니며 곤충의 세계를
촬영하여 왔다. 1996년 3월부터 1997년 1월
까지 용인 에버랜드에서 곤충사진전을 개
최한 바 있다. 저서로는 '한국의 자연탐험'
시리즈 가운데 『야생벌』 『사슴벌레』 『메뚜
기』 『개구리』 『장수풍뎅이』 『반딧불이』 등
생태서적 6권과 『한국곤충생태도감』(5권)
『곤충을 찾아서』 등이 있다. 현재 출판, 신
문, 잡지 분야에서 곤충사진가로 활동중이
며, 한국 생태사진가협회 홍보이사로 있다.

한국의 나비

우리나라의 나비 실태	7
나비와 나방	9
나비의 한살이	13
계절에 따른 나비의 출현	19
나비들이 즐겨 사는 곳	25
우리나라의 주요 나비	27
보호가 필요한 나비	125
한국산 나비 목록 일람표	129
찾아보기	141
참고 문헌	143

한국의 나비

우리나라의 나비 실태

　우리나라의 나비류는 영국인 버틀러(A. G. Butler, 1882)에 의해 처음으로 18종이 학계에 알려졌다. 이후 휙슨(C. Fixsen, 1887)에 의해 93종이 그리고 리치(J. H. Leech, 1893~1894)에 의해 114종의 나비류가 발표되면서 우리나라의 나비는 구체적인 윤곽을 드러내었다. 당시 이 서구인(西歐人)들은 교통 수단과 숙식의 불편함, 언어의 장벽 등 온갖 고초를 인내해 가며 이역 만리에서 새로운 학문의 한 면을 장식하였던 것이다.

　그 뒤 우리나라가 1910년 일본에 나라를 빼앗기면서 많은 일인(日人)들에 의해 한국산 나비가 연구되기 시작하였다. 도이(土居寬暢), 오카모도(岡本半次郎), 모리(森爲三), 마쓰무라(松村松年), 가미조(上條齊昭) 등이 대표적인 인물인데 이들의 연구 결과로 183종의 한국산 나비가 알려지게 되었다.

　이렇듯 일본인에 의해 주로 연구되던 시기에 국내에서는 처음으로 조복성(趙福成) 선생이 「울릉도산 인시류(鱗翅類)」라는 논문을 1929년에 발표한 바 있다. 또한 조복성 선생은 도이, 모리 등과 함께 『原色朝鮮の蝶類』라는 우리나라 최초의 나비 해설도감을 내었다. 이어서 석주명(石宙明) 선생이 1939년에 출간한 『A Synonymic List of Butterflies of Korea』는 당시 혼란스럽던 학명의 동종이명(同種異名)을 체계적으로 정리한 훌륭한 업적이었다. 해방 이후 석주명 선생의 때이른 타계로 이 분야의 연구는 큰 손실을 입게 되었으나 조복성 선생을 위시하여 김창환(金昌煥), 이승모(李承摸), 박세욱(朴世旭), 신유항(申裕恒) 등에 의해서 많은 연구 결과가 발표되었다. 근래에 와서는 주흥재(朱興在) 등과 남상호(南相豪)에 의한 원색 생태도감이 발간되어 일반 애호가들에게 좋은 지침서가 되고 있다.

현재까지 밝혀진 우리나라의 나비는 남북한을 합하여 264종인데 이 가운데에는 토착종이 253종이고, 국내에서 연속적인 발생이 불가능한 미접(迷蝶) 또는 우산접(偶産蝶)이라 불리는 종이 11종이나 된다. 이들 나비류는 한반도의 형태가 현재와 비슷하였던 신생대 제3기 말기부터 존재하였던 것으로 추측하고 있다. 특히 지금으로부터 약 200만 년 전인 신생대 제4기부터 현재까지 거듭된 빙하기와 간빙기로 지구상에 기온의 대변화가 일어나 한반도 주변의 많은 나비들이 현재의 분포상과 같이 도래하기에 이르렀다.

우리나라는 지사학적(地史學的)으로 보아 한 번도 대륙과 떨어진 적이 없어서 유럽, 시베리아, 만주, 중국 동북부 등지의 구북구(舊北區)계에 속하는 나비 무리가 압도적으로 많다. 그리고 일본, 중국 동남부, 타이완 등지에서 도래한 동양구(東洋區)계 나비류가 있는데 이들은 지역에 따라 독특한 분포 양상을 나타내어서 대략 우리나라의 나비는 5대 1 정도로 구북구계의 무리가 우세한 편이다.

나비와 나방

　나비와 나방은 모두 나비목(目)에 속하는데 곤충 가운데 두 번째로 큰 목이며 전세계 동물 가운데 약 10퍼센트를 차지한다. 이들은 날개에 비늘가루〔인분(鱗粉)〕가 덮여 있어서 인시목(鱗翅目)이라고도 불린다. 머리는 비교적 작고 하구식(下口式)이며 주둥이는 작은 턱이 발달한 흡수구로 용수철처럼 감겨 있어 필요에 따라 늘여서 물이나 꿀을 빨아먹기에 적당하게 되어 있다. 더듬이는 곤봉 모양, 갈고리 모양, 톱니 모양, 염주 모양 등 다양한데 나방류의 경우 수컷은 깃털 모양이며 암컷보다 큰 경우가 많다.

　2쌍의 날개 가운데 흔히 앞날개는 뒷날개에 비해 크며 날개의 앞면과 뒷면에는 종류에 따라 다양한 무늬가 나 있다. 날개에 나 있는 맥〔시맥(翅脈)〕은 세로맥과 소수의 가로맥으로 맥상(脈相)을 나타내는데, 종에 따라 일정하며 속(屬)이나 과(科)에도 일정한 특징이 나타나서 분류학상 중요한 요소가 된다.

　나비류의 애벌레는 구기(口器)가 씹기에 적합한 모습으로 잘 발달하여서 식물의 잎이나 줄기, 열매 등을 가해하며 일부 종류는 동물의 사체(死體), 모직물, 가죽, 낙엽이나 부식물을 먹기도 한다.

산네발나비의 앉은 모습 주로 낮에 활동하는 나비는 색깔이 곱고 화려하다. 쉴 때에는 대부분 날개를 펴거나 위로 접는다.

나비의 부분 명칭도

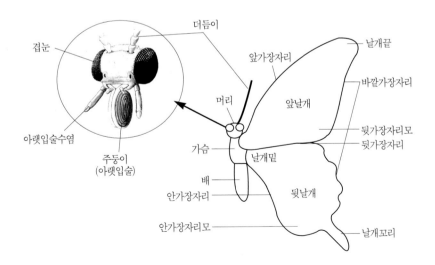

더듬이

겹눈

앞가장자리

날개끝

머리

앞날개

바깥가장자리

아랫입술수염

주둥이
(아랫입술)

가슴

날개밑

뒷가장자리모
뒷가장자리

배

안가장자리

뒷날개

안가장자리모

날개꼬리

날개의 무늬와 날개맥상

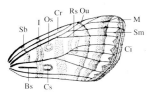

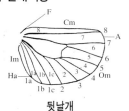

뒷날개

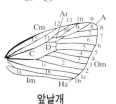

앞날개

Bs:칼 모양 무늬 Ci:연모 Cr:중횡선 Cs:쐐기 모양 무늬
I:내횡선 M:외연선 Os:가락지 모양 무늬 Ou:외횡선
Rs:콩팥 모양 무늬 Sb:아기선 Sm:아외연선 A:시정
Ar:소실 C:중실 Cm:전연 D:횡맥 F:시자 Ha:후각
Im:내연 Om:외연

학자들의 날개맥 방식

	콤스토크와 니담	햄프슨, 메이릭 등	콤스토크와 니담	햄프슨, 메이릭 등
앞 날 개	전연맥 costa(C)	—	제2중맥 media 2 (M_2)	5
	아전연맥 subcosta(SC)	12	제3중맥 media 3 (M_3)	4
	제1경맥 radius 1 (R_1)	11	제1주맥 cubitus 1 (Cu_1)	3
	제2경맥 radius 2 (R_2)	10	제2주맥 cubitus 2 (Cu_2)	2
	제3경맥 radius 3 (R_3)	9	제1둔맥 1st anal (1stA)	1c
	제4경맥 radius 4 (R_4)	8	제2둔맥 2nd anal (2dA)	1b
	제5경맥 radius 5 (R_5)	7	제3둔맥 3rd anal (3dA)	1a
	제1중맥 media 1 (M_1)	6		
뒷 날 개	아전연맥 subcosta 　+제1경맥 radius （Sc+R_1)	8	제1주맥 cubitus 1 (Cu_1)	3
	경분맥 radial sector (Rs)	7	제2주맥 cubitus 2 (Cu_2)	2
	제1중맥 media 1 (M_1)	6	제1둔맥 1st anal (1stA)	1c
	제2중맥 media 2 (M_2)	5	제2둔맥 2nd anal (2dA)	1b
	제3중맥 media 3 (M_3)	4	제3둔맥 3rd anal (3dA)	1a

흰무늬왕불나방의 앉은 모습 밤에 주로 활동을 하는 나방은 날개의 색이 일부를 제외하고는 단조롭고 어두운 편이다. 쉴 때에는 날개를 지붕 모양으로 겹쳐서 앉는다.

　애벌레는 자라는 동안 여러 번 탈피하여 번데기가 된다. 그러나 대부분의 나비류는 애벌레 때에 섭취한 영양으로 성충이 되어서도 활동할 수 있다.

　우리가 흔히 말하는 나비〔접(蝶), Butterfly〕와 나방〔아(蛾), Moth〕의 주요 차이점은 다음과 같다. 나비는 주로 낮에 활동하며 날개 색이 곱고 화려하나, 나방은 대부분 밤에 활동을 하고 날개의 색도 일부를 제외하고는 단조롭고 어두운 편이다. 그러나 일부 낮에 활동하는 나방류는 날개 색이 밝고 화려한 종류도 있다. 더듬이를 살펴보면 나비는 끝이 곤봉 모양으로 부풀어 있으나 나방은 실 모양, 톱니 모양 또는 깃털 모양으로 다양하다. 또한 나비는 대부분 날개에 비해 몸이 가늘고 쉴 때도 날개를 펴거나 위로 접을 때가 많지만, 나방은 몸이 크고 날개를 겹쳐서 앉는 경우가 많다. 나방은 여러 형태의 날개가시〔시자(翅刺)〕와 보대(保帶)가 있어서 앞날개와 뒷날개를 연결시키는 특이한 구조물이 있으나 나비는 이러한 구조물이 없다.

나비의 한살이

나비는 완전 탈바꿈하는 곤충으로 알, 애벌레, 번데기, 성충의 시기를 뚜렷하게 거친다. 그 가운데 아름답게 몸치장을 하는 시기는 성충 때이며, 애벌레 때는 흔히 볼 수 있는 배추벌레와 같이 징그럽고 색깔도 곱지 않다. 우리나라에서 쉽게 볼 수 있는 아름다운 나비로는 호랑나비, 노랑나비, 표범나비 등이 있다.

나비는 일생이 짧아서 일년에 몇 번씩 한살이를 되풀이한다. 봄, 여름, 가을 등 태어난 계절에 따라 약간씩 빛깔이 다르다. 봄보다 여름이나 가을에 태어난 것이 빛깔도 더 짙고 크다. 나비는 보통 애벌레의 먹이가 되는 식물의 잎, 줄기, 가지, 눈, 꽃봉오리 등에 한두 개 정도의 알을 여러 곳으로 옮겨 다니며 나누어 낳는데 나방과 같이 큰 덩어리로 낳는 일은 없다.

알을 잎에 낳을 경우에는 보통 잎 뒷면에 눈에 잘 띄지 않게 낳으나 노랑나비, 청띠신선나비, 큰멋쟁이나비 등과 같이 잎의 표면에 낳는 경우도 있다. 줄기에 낳을 경우에는 가급적 새순이 돋아 있는 연한 부위에 낳아 알에서 부화된 어린 애벌레가 곧바로 먹이를 구할 수 있게끔 대비해 준다. 특히 녹색부전나비류나 암고운부전나비 등과 같이 알의 상태로 월동(越冬)하는 무리들은 먹이가 되는 식물의 가지 끝 곧 눈의 밑 부분에 알을 낳는다. 그래서 이듬해 봄에 움이 트자마자 곧바로 힘 안 들이고 연한 새잎을 먹을 수 있게끔 배려한다.

알에서 깨어난 애벌레는 자기가 쓰고 있던 알 껍질을 곧 먹어 치운 다. 알 껍질에는 높은 영양가가 있기 때문이다. 애벌레는 커 가면서 여러 번 허물을 벗는데, 허물을 벗을 때마다 모양도 달라지고 색깔도 변해간다. 풀잎을 먹고 자라는 애벌레는 식욕이 왕성하여 많은 양을 먹어 치운다. 그리하여 나중에는 잎사귀에 큰 구멍을 뚫기도 하고, 머리를 밖으로 내밀기도 한다. 이들 가운데 상제나비, 눈나비, 뿔나비의 애벌레는 어린 시기부터 몇 번의 허물을 벗고 다 자란 애벌레가 될 때까지 집단 생활을 한다. 그러나 대부분의 애벌레들은 초기에만 모여서 활동을 하고 차츰 자라면서 분산하여 먹이 활동을 한다.

애벌레의 활동 습성은 종류에 따라 약간의 차이가 있으나 대개는 잎 표면에 실을 토해내면서 움직임을 그친다. 그러나 모시나비류나 표범나비류 등의 애벌레는 기어다닐 때에 실을 토하는 일이 드물고 정지하는 장소도 일정하지 않으며, 대개는 먹이 활동이 끝난 뒤 먹이식물[식초(食草)]에서 떠난다. 그리고 약간의 외부 자극만 받아도 먹이식물에서 떨어진다.

한편 갈구리나비는 십자화과 식물의 꽃이나 열매를 먹기 때문에 정지할 때에도 꽃이나 열매의 주변에 머문다. 집단 생활을 하는 상제나비나 눈나비 등은 애벌레가 먹고 남은 그물 모양의 잎맥을 토해 놓은 실로 두껍게 싼 다음, 이러한 잎을 서너 장 묶어서 둥지를 만들고 그 속에 들어가 겨울을 보낸다. 특이한 예로 담흑부전나비는 어린 애벌레 시기에는 진딧물이 내는 즙을 먹고 살지만, 나중에는 개미의 집에서 개미와 같이 생활하게 된다. 이들은 개미의 도움을 받아 크게 자라는데 육식성이어서 다른 나비류에 비해 지방질을 많이 섭취한다.

호랑나비의 한살이

① 갓 산란한 알은 노란빛을 띠나 시간이 지나면 검게 변한다.

② 1령부터 4령까지의 애벌레는 흑갈색을 띠며 새똥 모양을 하고 있다.

③ 애벌레의 마지막 단계인 5령 애벌레가 되면 보호색인 녹색을 띠게 된다.

④ 호랑나비 애벌레는 나뭇가지에 매달린 채 번데기로 변화한다.

⑤ 애벌레의 허물을 벗고 서서히 번데기가 되어 가고 있다.

⑥ 번데기의 형태가 거의 완성되어 가고 있으며 애벌레의 모습이 거의 사라졌다.

⑦ 번데기가 막 완성된 모습. 이 안에서 애벌레는 아름다운 나비로의 변화를 시작한다.

⑧ 시간이 어느 정도 경과된 번데기. 호랑나비는 번데기의 상태로 겨울을 보낸다.

⑨ 봄이 되면 번데기 속의 애벌레는 성충으로 우화를 시작한다.

⑩ 호랑나비가 답답한 탈피각을 뚫고 서서히 바깥 구경을 시작하려 한다.

⑪ 탈피각을 벗어난 호랑나비는 애벌레나 번데기 때와는 완전히 다른 모습으로 생활하게 된다.

⑫ 갓 나온 나비의 날개는 물기에 젖어 있으므로 날개를 펴서 말려야 한다.

애벌레로 겨울을 지내게 되는 왕오색나비, 은판나비, 홍점알락나비, 뿔나비 등은 날씨가 추워지면서 잎의 빛깔이 변하면 땅바닥으로 내려온다. 밑으로 내려온 애벌레는 자기의 먹이식물인 나무의 밑둥으로부터 반경 1미터 이내로 모여들게 되는데 이는 이듬해 봄에 새잎이 돋아날 때 재빨리 올라가기 위한 지혜인 것이다.

다 자란 애벌레는 마지막 단계에 와서 매우 어렵고 힘든 작업을 거쳐야 한다. 이 시기가 되면 모든 먹이 활동을 중지하며, 몸의 크기도 약간 축소된다. 애벌레는 번데기가 되기 위해 지금까지 살던 풀잎에서 높은 곳으로 올라간다. 적당한 곳에 몸을 붙이고 내뿜는 실로 몸을 감고 잠을 자기 시작한다. 이때가 애벌레에서 번데기로 바뀌는 시기이며 번데기 속에서는 성충이 되기 위한 큰 변화가 일어나 아름다운 빛깔을 띤 날개를 가진 나비가 나오게 된다.

알에서 나비가 되기까지는 40일 정도 걸린다. '딱' 소리가 날 정도로 압력을 받은 번데기가 갈라지면 나비가 나온다. 처음에 나온 성충의 날개는 부드럽다가 시간이 경과하면 굳어진다. 이와 같이 차차 몸이 변해가는 과정을 탈바꿈이라 하며 이러한 현상은 곤충의 특징이기도 하다. 허물을 벗고 날게 되면 곧바로 짝을 찾아 생식(生殖)을 하게 된다. 나비는 긴 대롱처럼 생긴 입을 돌돌 말아 붙이고 나오는데 먹이는 물밖에 먹을 수 없도록 되어 있다.

계절에 따른 나비의 출현

　우리나라는 사계절이 뚜렷하여 각 계절마다 나타나는 나비 무리들이 다르다. 멧노랑나비나 네발나비, 청띠신선나비 등과 같이 성충으로 월동하고 이듬해 봄에 다시 나타나는 무리도 있고 호랑나비, 모시나비 등과 같이 겨울을 번데기로 보내고 봄에 우화(羽化)하는 무리도 있다. 겨울철을 알이나 애벌레로 보내는 무리들은 보통 늦은 봄이나 여름철이 되면 성충이 되어 활동한다.

　많은 나비들이 일년 가운데 어느 계절에 한하여 한 번 발생하는 경우가 많으나 호랑나비, 범부전나비, 부처나비 등과 같이 봄과 여름에 걸쳐 일년에 두 번 이상 발생하는 종류도 있다.

봄의 나비

　멀리 아지랑이가 피어 오르고 햇살 내리쬐는 밭둑에 새싹들이 움튼다. 그러면 커다란 나뭇가지 밑이나 큰 돌 틈에서 성충으로 추운 겨울을 지낸 네발나비, 청띠신선나비, 멧노랑나비, 큰멋쟁이나비, 뿔나비 등이 제일 먼저 봄을 알리기 시작한다. 겨우내 배추밭 한 귀퉁이에 번데기 상태로 움츠리고 있던 배추흰나비, 큰줄흰나비와 산초나무 가지

봄을 반기는 배추흰나비 예부터 배추, 무 등에 많은 피해를 입혀 농부들한테는 원망스러운 존재이지만 따스한 봄볕을 받으며 나풀거리는 모습을 보면 미워할 수가 없다.

에 번데기로 매달려 있던 호랑나비도 서서히 기지개를 켜며 움직인다. 울타리의 개나리가 노란 꽃을 터뜨리고 분홍 진달래로 산야가 홍조를 띨 때쯤이면 애호랑나비는 슬슬 그 화려한 자태를 나타낸다.

이렇듯 봄이 무르익어 가면 범부전나비, 작은주홍부전나비가 이 꽃 저 꽃으로 나풀거리며 돌아다니고, 잡목이 우거진 숲에는 멧팔랑나비가 분주히 날아다닌다. 새싹이 푸릇푸릇 돋아나면 추운 겨울을 애벌레로 지낸 무리들은 허기진 배를 채우기 위해 자기들의 먹이가 되는 나무 줄기나 풀의 어린 싹을 향하여 허겁지겁 움직이기 시작한다. 꽃이 많이 핀 곳만 찾아다니면 여러 종류의 나비를 손쉽게 관찰할 수 있는 계절이 바로 봄이다.

잠시 더위를 피해 쉬는 조흰뱀눈나비 곤충학자인 조복성 박사를 기리기 위해 이름에 '조' 자가 붙여졌다는 조흰뱀눈나비가 여름의 따가운 햇살을 피해 풀잎 위에서 쉬고 있다.

여름의 나비

산과 들이 온통 초록빛이 되고 낮이 점점 길어지면 이제까지 눈에 잘 안 띄던 수노랑나비, 은판나비, 번개오색나비, 굴뚝나비 등 다양한 나비들을 볼 수가 있다. 그리고 그 수도 훨씬 많아진다. 이 나비들은 화려한 빛깔이나 날개의 크기에서 봄철의 나비보다 단연 돋보인다. 대체로 여름철에 성충이 되는 나비는 애벌레 시기에 풍부한 먹이를 섭취할 수 있으므로 호랑나비나 산호랑나비처럼 같은 종이라 하더라도 봄형〔춘형(春型)〕에 비해 크고 화려하다.

우리나라와 같이 사계절이 뚜렷한 온대 지방에서는 특히 여름철이 나비들에게는 활동하기에 가장 적절한 때이다. 생태계 안에서의 먹이 사슬 여건으로 볼 때 여름은 가장 좋은 조건이 갖추어진 계절이며, 자

신의 몸을 숨기거나 보호받기에도 더없이 적합한 계절이기 때문이다. 그러나 찌는 듯한 더위가 시작되면 나비들도 활동하기가 쉽지 않다. 그래서 멧노랑나비와 같이 한여름의 무더위를 피해 잠시 휴면기(休眠期)에 들어가는 나비들도 있다. 성충으로 오랜 기간을 활동해야 하는 나비들에게는 더운 계절의 에너지 낭비가 큰 고통거리이기 때문이다.

가을의 나비

찌는 듯한 무더위를 피해 날개를 접고 쉬던 멧노랑나비, 각시멧노랑나비 등이 오랜 휴식에서 깨어나 풍성한 가을 바람을 따라 이 꽃 저 꽃으로 신나게 날아다닌다. 네발나비, 산네발나비는 짙은 빛깔로 새롭게 단장하고 부지런히 산과 들을 누빈다. 대부분의 곤충들처럼 가을의 나

가을을 맞아 새로 단장한 네발나비 여름 동안 황갈색 바탕에 검은 점무늬가 있는 날개를 가지고 있다가 가을이 되면 붉은빛이 도는 짙은 색으로 날개의 색을 바꾼다.

비도 날개나 몸의 빛깔이 계절에 알맞게 된 경우가 많다. 다시 말해 주변의 환경에 잘 적응하게끔 여름보다 색깔이 더 짙어지거나 갈색으로 변한다.

애벌레로 월동하는 수노랑나비, 왕오색나비, 은판나비 등은 가을철의 낙엽 색깔과 비슷하게 애벌레의 체색을 변화시켜서 보호색을 띤다.

겨울의 나비

아침저녁으로 선선한 바람이 불고 산이 단풍으로 불타오를 때쯤, 모든 가을 나비들은 겨울을 지낼 준비를 서두른다. 곤충이 살아가기 위해서는 어느 정도의 따뜻한 온도가 필요하다. 그러나 가을이 깊어 갈수록 온도는 자꾸 떨어지고, 먹이가 되는 식물의 잎도 시들어 말라 간다. 그

월동 준비를 끝낸 번데기 나비들이 겨울을 나는 모습은 다양하다. 번데기로 겨울을 나기도 하고, 애벌레 상태나 성충으로 겨울을 나기도 한다.

러나 이럴 때에도 나비는 전혀 서두르지 않는다. 오직 본능에 의해 자연의 섭리대로 적응할 뿐이다. 나비는 알이나 번데기의 상태로 겨울을 날 수 있도록 한살이 과정이 적절히 조절된다. 애벌레나 성충으로 겨울을 날 경우에도 매서운 추위를 견뎌낼 수 있도록 충분한 조치가 취해진다.

성충으로 월동하는 멧노랑나비, 네발나비, 청띠신선나비 등은 눈과 바람을 피할 수 있는 곳을 찾아가 몸을 숨긴다. 보통 커다란 바위 틈이나 고목나무의 틈바구니가 그들의 은신처가 된다.

애벌레로 겨울을 보내는 상당수의 나비나 나방류는 나무줄기를 타고 내려와 땅속이나 나뭇잎 속에 몸을 숨긴다. 이때에는 먹이가 되는 식물 가까이에 머물게 되는데, 이듬해 봄이 되어 새싹이 돋아날 때, 쉽게 나무나 풀에 접근하여 허기진 배를 채우려는 의도 때문이다.

나비들이 즐겨 사는 곳

    나비의 종류가 다양한 만큼 사는 곳도 매우 다양하다. 그러나 이들의 서식처를 크게 구분하면 마을 주변의 들판이나 경작지 부근에서 서식하는 경우와 나무가 우거진 산림에서 서식하는 경우 그리고 산길이나 잡목림의 가장자리에서 서식하는 경우의 세 가지 유형으로 나누어 볼 수 있다.

마을 주변의 들판이나 경작지 부근
    나비는 들녘에 사는 어떤 곤충보다도 눈길을 끄는 존재이다. 무밭이나 배추밭에서는 배추흰나비와 노랑나비들이 군무를 선보이고 푸른부전나비나 암먹부전나비들이 앙증스런 날개를 나풀대며 꽃을 찾아 이리저리 헤맨다. 여기에 뒤질세라 작은주홍부전나비, 네발나비, 호랑나비, 큰멋쟁이나비 등도 화려한 자태를 마음껏 과시한다.

나무가 우거진 산림
    온갖 식물들이 무성하게 우거진 숲은 나비들이 살기에 더없이 좋은 곳이다. 나비가 좋아하는 향기로운 꽃이 곳곳에 피어 있고 수노랑나비,

풀잎에 앉아 쉬고 있는 모시나비 숲에 나 있는 한적한 산길을 지나다 보면 비칠 듯 말 듯한 반투명 날개를 가진 모시나비를 만날 수 있다.

오색나비, 홍점알락나비, 먹그림나비 등이 좋아하는 나무진도 이곳에서 많이 흐르기 때문이다. 특히 청띠신선나비는 이러한 수액에 미친 듯이 모여든다. 또한 햇빛을 싫어하는 물결나비와 그늘나비 무리 등은 으레 나무 그늘을 찾아 숲 속으로 몰려든다. 햇빛이 잘 비치는 산림에서는 주로 녹색부전나비류가 나뭇잎 위에 앉아 일광욕이나 세력권 다툼을 하는 것을 가끔씩 볼 수 있다.

산길이나 잡목림 가장자리

숲에 나 있는 한적한 산길이나 경작지와 잡목림 숲이 맞닿아 있는 곳은 나무가 다소 적고 햇빛이 잘 비치므로 많은 종류의 나비가 살고 있다. 여기에는 제비나비류, 모시나비, 애호랑나비, 줄나비류, 유리창떠들썩팔랑나비 등이 많이 활동하고 있다.

우리나라의 주요 나비

우리나라에는 현재 남·북한을 합쳐서 264종의 나비가 알려져 있다. 이들의 분류학적 위치와 분류군 수를 나타내면 다음과 같은데 이 가운데에는 토착종 253종과 우산종 11종이 포함되어 있다. 이 책에서는 이들 나비 가운데 79종을 간추려서 생태 사진과 함께 특징을 기재한다.

Order Lepidoptera 나비목
  Suborder Ditrysia 이문아목

  Superfamily Papilionoidae 호랑나비상과

  Family Papilionidae 호랑나비과
    Subfamily Parnassiinae 모시나비아과(6종)
    Subfamily Papilioninae 호랑나비아과(9종)

  Family Pieridae 흰나비과
    Subfamily Dismorphinae 기생나비아과(2종)

Subfamily Coliadinae 노랑나비아과(8종)
Subfamily Pierinae 흰나비아과(10종)

Family Lycaenidae 부전나비과
Subfamily Miletinae 바둑돌부전나비아과(1종)
Subfamily Theclinae 녹색부전나비아과(36종)
Subfamily Lycaeninae 주홍부전나비아과(5종)
Subfamily Polyommatinae 부전나비아과(32종)

Family Nymphalidae 네발나비과
Subfamily Lybytheinae 뿔나비아과(1종)
Subfamily Danainae 왕나비아과(3종)
Subfamily Nymphalinae 네발나비아과(80종)
Subfamily Satyrinae 뱀눈나비아과(38종)

Superfamily Hesperioidea 팔랑나비상과

Family Hesperiidae 팔랑나비과
Subfamily Coeliadinae 수리팔랑나비아과(3종)
Subfamily Pyrginae 흰점팔랑나비아과(10종)
Subfamily Hesperiinae 팔랑나바아과(20종)

호랑나비과

모시나비아과 애호랑나비, 모시나비, 꼬리명주나비

호랑나비아과 사향제비나비, 호랑나비, 산제비나비, 제비나비

애호랑나비(이른봄애호랑나비)
Luehdorfia puziloi (Erschoff)

날개를 편 길이는 47 내지 52밀리미터이다. 수컷은 배에 검은빛의 털이 많이 나 있으나 암컷은 털이 없고 매끈하다. 암컷은 교미 뒤에 수컷의 분비물에 의해 배의 끝에 수태낭 (受胎囊)이 만들어지므로 쉽게 암수가 구별된다. 성충은 연 1회 출현하는데 진달래꽃 이 피기 시작하는 4월 초순에 나타나기 시작하여 5월 초순경에 자취를 감춘다. 그러나 설악산이나 오대산 등 산악 지대에서는 5월 말까지도 나타난다.
주로 낮은 산의 계곡이나 숲 가장자리에 살며 진달래, 민들레, 얼레지 등의 꽃에서 꿀 을 즐겨 빤다. 교미는 주로 오후에 흡밀식물(吸密植物)의 주변에서 이루어지는데, 교 미가 끝난 암컷은 4월 말에서 5월 초순쯤 먹이식물인 족두리풀이나 개족두리풀의 잎 뒷 면에 일곱 개에서 열두 개 정도의 알을 낳는다. 부화한 애벌레는 흑갈색을 띠고 있는데 처음에는 모여서 생활하다가 3령(齡) 애벌레 이후부터는 분산하여 생활한다. 먹이식물 주변의 낙엽 밑에서 번데기 상태로 월동한다.
우리나라의 북부와 중부, 남부 그리고 일본, 중국, 시베리아에 분포한다.

모시나비

Parnassius stubbendorfii Ménétriès

날개를 편 길이는 55 내지 65밀리미터이다. 날개에 비늘가루가 적어 반투명하다는 데
서 이름이 유래되었다. 수컷의 몸에는 회백색 털이 많이 나 있으나 암컷은 털이 없고
매끈하다. 교미 뒤에 수컷의 분비물에 의해 암컷 배의 끝에 수태낭이 만들어지는데, 이
러한 습성은 이 속과 애호랑나비 무리에서 공통적으로 나타나고 있다. 성충은 5월 초순
에 출현하여 5월 말에는 자취를 감춘다. 그러나 고산 지대에서는 6월 중순까지도 볼 수
있다. 평지나 낮은 산의 풀밭 위를 낮게 날아다닌다.
높은 산지의 개체들은 대체로 날개의 크기가 작고 검어지는 경향을 보인다. 기린초, 엉
겅퀴, 토끼풀, 나무딸기, 미나리냉이 등의 꽃에서 꿀을 즐겨 빤다. 암컷은 5월 말경에
서식지 주변의 풀잎이나 낙엽에 알을 한 개씩 낳는다. 알로 월동하며 이듬해 봄에 부화
한 애벌레는 현호색, 왜현호색, 산괴불주머니 등의 잎을 먹는다.
우리나라 북부와 중부, 남부, 제주도 그리고 일본, 중국, 사할린, 아무르, 우수리, 티
베트, 카슈미르에 분포한다.

♀

꼬리명주나비
Sericinus montela Gray

날개를 편 길이는 봄형이 50 내지 55밀리미터, 여름형〔하형(夏型)〕이 60 내지 65밀리미터이다. 봄형은 여름형에 비해 크기가 작고 미상돌기(尾狀突起)도 짧다. 암수의 색깔이 뚜렷하게 달라 수컷의 날개 윗면은 엷은 회황색 바탕에 흑갈색 무늬가 약간 있으나 암컷의 날개 윗면은 흑갈색 부위가 대단히 넓은 흑화형(黑化型) 모습이다. 암컷은 수컷에 비해 덜 활동적이어서 야외에서는 수컷이 훨씬 눈에 많이 띈다. 성충은 봄형이 4월 중순에서 5월 중순, 여름형이 6월 중순에서 8월 말에 걸쳐 연 2회 출현한다. 그러나 남부 지방에서는 9월 초순에서 9월 하순에 1회 더 출현한다.
야산의 논밭 주변이나 풀밭 위를 천천히 낮게 날아다니는데 근래에 와서는 차츰 개체수가 줄어들고 있다. 비상력이 약하여 흐린 날이나 바람이 세게 부는 날은 거의 날지 않으며, 맑은 날에는 이따금 일광욕을 하기 위해 날개를 펴고 앉기도 한다. 때때로 개망초, 멍석딸기 등의 꽃에서 꿀을 빨기도 한다. 교미를 마친 암컷은 먹이식물인 쥐방울덩굴의 줄기나 잎의 뒷면에 5, 60개의 알을 한꺼번에 낳는다. 부화한 애벌레들은 처음에는 모여서 생활하나 차츰 자라면서 종령(終齡) 애벌레가 되면 분산하여 독립 생활을 한다. 번데기는 먹이식물의 줄기나 잎 뒷면 또는 주변의 나무나 돌 등에서 발견된다. 번데기 상태로 월동한다.
우리나라의 북부와 중부, 남부 그리고 일본, 중국, 아무르, 연해주에 분포한다.

사향제비나비
Atrophaneura alcinous (Klug)

날개를 편 길이는 75 내지 110밀리미터이다. 날개의 표면이 수컷은 검고 약간의 광택이 있으나, 암컷은 황갈색으로 광택이 없다. 가슴과 배의 양옆에 붉은 털이 나 있어 다른 제비나비류와 쉽게 구별된다. 수컷은 채집 직후에 몸에서 사향 냄새가 나는데, 이 때문에 사향제비나비란 이름이 붙여졌다. 성충은 봄형이 5월에서 6월, 여름형이 7월에서 9월에 걸쳐 연 2회 출현한다.

야산에 인접한 밭이나 개울가에 살며 쉬땅나무, 엉겅퀴, 누리장나무, 얇은잎고광나무, 신나무, 개화나무, 산초나무 등의 꽃에서 꿀을 즐겨 빤다. 암컷은 풀 사이를 낮게 천천히 날아다니면서 먹이식물인 쥐방울덩굴이나 등칡의 잎 뒷면에 한 개에서 여섯 개 정도의 알을 한꺼번에 낳는다. 알은 붉은 자줏빛으로 마늘과 같은 모양을 하고 있다. 알에서 깨어난 애벌레는 처음에는 무리를 지어 다니다가 차츰 성장하면서 각기 다른 잎과 줄기를 찾아 뿔뿔이 흩어진다. 번데기는 독특한 모습을 하고 있는데 굵고 짧으며 윤기가 도는 오렌지색을 하고 있다. 이 번데기 상태로 겨울을 나고 이듬해 봄에 성충인 나비가 된다.

우리나라의 북부와 중부, 남부 그리고 일본, 중국, 타이완에 분포한다.

호랑나비
Papilio xuthus (Linnaeus)

날개를 편 길이는 봄형이 65 내지 80밀리미터, 여름형은 90 내지 120밀리미터 정도이다. 봄형은 여름형에 비해 크기가 작고 날개 표면의 노란빛 무늬가 더 발달해 있다. 이 나비는 날개의 검은 얼룩무늬와 노란빛 무늬가 꼭 호랑이의 등에 난 무늬처럼 늘어서 있어서 호랑나비라는 이름이 붙게 되었다. 따라서 옛날에는 '범나비' 라고도 불렸다. 성충은 한반도의 중부 이남에서 봄형이 4월에서 5월, 여름형은 6월에서 7월, 8월에서 10월에 걸쳐 연 3회 출현한다. 그러나 중부 이북 지방에서는 여름형이 6월에서 9월에 걸쳐 한 번만 출현하므로 결국은 연 2회 발생하는 셈이다.

이 나비는 전국 어디서나 볼 수 있으며, 예부터 우리와는 친숙한 나비로 알려져서 많은 시 (詩) 와 노래에도 등장하고 있다. 평지나 낮은 산지에 많고, 맑은 날에는 물가에 떼지어 앉아 물을 빨기도 한다. 나는 모습도 활발하며 진달래, 엉겅퀴, 백일홍, 나리, 산초나무, 누리장나무 등의 꽃에 잘 모여든다. 교미를 마친 암컷은 탱자나무, 귤나무, 산초나무, 황벽나무, 백선 등 운향과 식물의 잎 뒷면이나 줄기에 알을 한 개씩 낳는다. 부화한 애벌레는 1령부터 4령까지는 체색이 흑갈색으로 새똥 모양을 하고 있으나 마지막 5령이 되면 보호색인 녹색을 띠게 된다. 나뭇가지에 매달린 채 번데기를 형성하는데 이 상태로 월동한다.

우리나라 전역과 일본, 중국, 아무르, 타이완, 미얀마, 시베리아에 분포한다.

산제비나비
Papilio maackii Ménétriès

날개를 편 길이는 봄형이 85 내지 90밀리미터, 여름형이 100 내지 130밀리미터이다. 날개의 표면 중앙에는 황록색의 비늘가루가 발달해 있고, 뒷날개의 아랫면에는 황백색의 띠무늬가 선명하여 다른 제비나비와 쉽게 구별된다. 여름형이 봄형보다 크기는 훨씬 더 크지만 뒷날개 아랫면의 황백색 띠무늬는 봄형이 훨씬 뚜렷하다. 수컷은 앞날개 표면에 벨벳 모양의 성표(性標)가 있으나 암컷은 없다. 성충은 봄형이 4월에서 6월, 여름형은 7월에서 9월에 걸쳐 연 2회 출현한다.

산지성(山地性)으로 주로 계곡이나 산꼭대기 주변에서 살며, 평지에서도 활발하게 날아다닌다. 수십 마리가 집단을 이루어 습지에서 물을 빨아먹기도 한다. 암수 모두 진달래, 엉겅퀴, 나리, 수수꽃다리, 곰취 등의 꽃에서 꿀을 즐겨 빤다. 대체로 나는 힘이 강하여 산꼭대기까지도 쉽게 오르내린다. 교미를 마친 암컷은 애벌레의 먹이식물인 황경피나무, 산초나무, 머귀나무 등의 잎 뒷면에 알을 한 개씩 낳는다. 알이나 애벌레의 모양은 제비나비와 거의 비슷하여 구별하기가 어렵다. 애벌레는 4령까지는 새똥 모양이지만 마지막 5령이 되면 녹색으로 변한다. 번데기 상태로 월동한다.

우리나라 전역과 일본, 중국, 타이완, 아무르, 사할린, 미얀마에 분포한다.

제비나비
Papilio bianor (Cramer)

날개를 편 길이는 봄형이 80 내지 90밀리미터, 여름형이 110 내지 135밀리미터 정도이다. 대체로 몸과 날개는 검은색을 바탕으로 하고 있는데, 앞날개에는 청남색과 진초록색 비늘가루가 조금씩 섞여 있다. 수컷의 앞날개 윗면에는 성표로 벨벳 모양의 검은 털로 이루어진 발향린(發香鱗)이 있으나 암컷에는 없다. 또한 암컷의 앞날개에 있는 검은 색상도 수컷에 비해 엷은 편이다. 암컷의 뒷날개 각 실 끝에는 주홍색의 반달 무늬가 있으나, 수컷에는 이 반달 무늬가 없고 대신에 연푸른색의 반달 무늬가 나타나 보인다. 성충은 봄형이 4월에서 6월, 여름형은 7월에서 9월에 걸쳐 연 2회 출현한다.

산지나 마을 근처에서 쉽게 볼 수 있다. 진달래나 나리, 엉겅퀴 등의 각종 꽃에 모여들어 꿀을 즐겨 빤다. 몸집이 큰 편이지만 날아다니는 속도는 빠르다. 수컷은 숲 속이나 계곡, 산길을 찾아 날아다니며 텃세권을 형성하기도 한다. 이따금 여러 마리가 떼를 지어 계곡 주변의 모래땅에 내려앉아 물을 빨아먹기도 한다. 암컷은 애벌레의 먹이식물인 산초나무, 탱자나무, 황벽나무, 상산 등의 잎 뒷면에 알을 한 개씩 낳는다. 부화한 애벌레는 네 번의 탈피 과정을 거쳐 새똥처럼 생긴 껍질을 벗고 녹색을 띤 종령 애벌레가 된다. 번데기의 체색은 갈색형과 녹색형 두 가지가 있는데, 월동할 때에는 갈색형만 나타난다.

우리나라 전역과 일본, 중국, 타이완, 우수리, 사할린, 네팔, 미얀마에 분포한다.

흰나비과

기생나비아과 기생나비, 북방기생나비
노랑나비아과 남방노랑나비, 극남노랑나비, 각시멧노랑나비, 멧노랑나비, 노랑나비
흰나비아과 갈구리나비, 대만흰나비, 배추흰나비, 큰줄흰나비, 줄흰나비, 풀흰나비

기생나비
Leptidea amurensis (Ménétriès)

날개를 편 길이는 35 내지 42밀리미터 정도이다. 흰나비과 가운데에서는 날개가 그리 크지 않으며 길쭉하고 폭이 좁아 가냘프면서도 늘씬한 느낌을 준다. 그래서 학명 가운데 속명인 *Leptidea*는 예쁘고 날씬하고 작다는 뜻이 포함되어 있다. 생긴 모습도 연약해 보이면서 나는 폼이 흐느적거리며 교태가 흐르는 듯하다 하여 기생나비라는 이름이 붙여졌다. 앞날개끝 부근에 검은색의 얼룩무늬가 있고 앞가장자리 부근을 따라 검은색의 비늘가루가 퍼져 있다. 암컷은 수컷과 달리 날개끝〔시정 (翅頂)〕에 검은색의 얼룩무늬 대신 암회색의 줄무늬가 퍼져 있는 것이 많으며, 앞날개끝은 수컷에 비해 더 부드러운 곡선을 이루고 있다. 성충은 봄형이 4월 중순에서 5월 하순, 여름형이 6월 상순에서 7월, 8월에서 9월에 걸쳐 연 3회 출현한다. 봄형은 여름형보다 작고, 날개의 색깔은 봄형이 회백색인 데 반해 여름형은 밝은 백색을 띤다. 또한 봄형의 뒷날개 아랫면에는 검은색 비늘가루가 많으나 여름형은 봄형에 비해 적다.

나는 동작이 대단히 느리며 힘이 없어 보인다. 낮은 산이나 논밭 주변에 살며 꿀풀, 유채, 파, 타래난초 등의 꽃에서 꿀을 즐겨 빤다. 암컷은 애벌레의 먹이식물인 갈퀴나물, 등갈퀴나물, 벌노랑이 등의 줄기나 새순의 뒷면에 알을 한 개씩 낳는다. 부화한 애벌레는 약 30일 정도 지나 번데기가 되는데, 이 번데기 상태로 월동하게 된다.

우리나라의 북부와 중부, 남부, 제주도 그리고 일본, 중국, 아무르, 우수리, 만주, 알타이에 분포한다.

북방기생나비

Leptidea morsei (Fenton)

날개를 편 길이는 35 내지 42밀리미터이다. 기생나비와 비슷하나 날개 모양이 대체로 둥글고 앞날개 가장자리는 곡선을 이룬다. 봄형은 뒷날개 아랫면에 있는 뚜렷한 검은색 무늬의 모양이 달라 쉽게 구별된다. 암컷은 수컷에 비해 날개끝의 형태가 둥글어 보이고, 수컷은 날개 윗면의 끝에 있는 검은색 무늬가 암컷보다 짙다. 성충은 봄형이 4월 말에서 5월, 여름형이 6월 말에서 7월, 8월 말에서 9월에 걸쳐 연 3회 출현한다. 우리나라에서는 주로 북한에 분포하는데 남한의 경우 태백산맥 주변과 경기도, 강원도, 충청북도 지역의 일부 높은 산에 국지적으로 분포한다.

성충은 풀밭 위를 대체로 힘없이 천천히 날며, 개망초 등의 꽃에서 꿀을 즐겨 빤다. 이들이 꿀을 빨 때에는 잘 날지 않기 때문에 채집하기가 쉽다. 수컷은 습지에서 물을 빠는 경우가 많으며, 가을보다 봄에 개체수가 많아진다. 번데기 상태로 월동한다.

우리나라 북부와 경기도, 강원도, 충청북도의 일부 지역 그리고 일본, 중국, 아무르, 우수리, 시베리아, 유럽에 분포한다.

남방노랑나비
Eurema hecabe (Linnaeus)

남방노랑나비속(*Eurema*)에는 세계적으로 33종이 알려져 있는데 이들은 대체로 열대나 아열대 지방에 분포한다. 이 가운데 남방노랑나비, 극남노랑나비 등 일부만 온대 지방까지 올라와 살고 있다. 남방노랑나비의 날개를 편 길이는 40 내지 50밀리미터이다. 날개 윗면은 노란색 바탕에 바깥 가장자리에 검은색 띠무늬가 있고, 날개 아랫면에는 검은색의 작은 점무늬들이 있다. 이 나비는 지역과 계절에 따라 큰 변이가 나타나고 있는데, 온대 지방에서 열대 지방으로 갈수록 앞날개 바깥가장자리의 검은색 띠무늬가 발달하고, 우기(雨期)와 건기(乾期)에 따라서도 색깔의 변화가 나타난다. 성충은 봄형이 5월 중순에서 6월, 여름형이 7월에서 8월, 가을형(추형(秋型))이 9월에서 11월에 걸쳐 연 3, 4회 출현하는데, 성충으로 이듬해 봄까지 지내게 된다. 계절에 따른 변이를 보면 여름형은 앞날개 바깥가장자리에 검은 띠무늬가 발달해 있고 아랫면의 점무늬는 미약한 데 반해, 봄형과 가을형은 앞날개끝의 검은 점무늬가 미약하고 아랫면은 점무늬가 뚜렷하게 보인다.

성충은 낮은 산의 숲이나 들의 풀밭 위를 천천히 날아다니며 개망초, 꿀풀 등 각종 꽃에 모여들어 꿀을 빨아먹는다. 이따금 동물의 배설물이나 습지에서 수분을 빨기도 한다. 암컷은 애벌레의 먹이식물인 자귀나무, 실거리나무, 차풀, 비수리, 괭이싸리, 참싸리, 풀싸리 등 콩과식물의 잎 앞면에 알을 한 개씩 낳는다. 부화한 애벌레는 먹이식물을 먹고 자라는데 여름철에는 한 장소에서 알부터 번데기까지 한꺼번에 볼 수 있다.

우리나라의 중부와 남부 지역, 제주도, 울릉도 그리고 일본, 중국, 대만, 히말라야, 오스트레일리아, 아프리카에 분포한다.

극남노랑나비

Eurema laeta (Boisduval)

날개를 편 길이는 35 내지 40밀리미터 정도이다. 남방노랑나비에 비해 앞날개의 끝이 각이 지고 바탕색이 좀더 짙은 노란색을 띠며, 바깥가장자리의 검은색 무늬도 극남노랑나비가 남방노랑나비보다 더 좁고 밤색을 띤다. 수컷은 앞날개 아랫면 중실(中室) 아래에 등황색의 성표가 있다. 암컷은 수컷에 비해 날개 윗면의 바탕색이 옅고 검은색 비늘가루가 약하게 퍼져 있다. 성충은 봄형이 5월 중순에서 6월, 여름형이 7월에서 8월, 가을형이 9월에서 11월에 걸쳐 연 3,4회 출현하는데, 남방노랑나비처럼 성충으로 이듬해 봄까지 지내게 된다. 가을형은 여름형에 비해 훨씬 크며 앞날개의 바깥가장자리가 직선이고 뒷날개 아랫면에 두 개의 갈색 줄무늬가 평행으로 나 있다.
극남노랑나비는 초원성(草原性)이 강하여 들판이나 논밭, 하천 주변에 많이 살며 낮은 산의 조그만 산길에서도 많이 볼 수 있다. 암컷은 각종 꽃을 찾아 꿀을 즐겨 빨며, 수컷은 습지나 오물 등에서 떼를 지어 물을 빨기도 한다. 애벌레는 콩과식물인 차풀을 먹고 자라며 대체로 생활사가 남방노랑나비와 거의 비슷하다.
우리나라의 중부와 남부, 제주도 그리고 일본, 중국, 타이완, 인도에 분포한다.

♀

각시멧노랑나비
Gonepteryx aspasia (Ménétriès)

날개의 윗면은 수컷이 연노란빛이며 암컷은 연녹색이다. 앞날개의 끝은 갈고리 모양으로 가늘게 굽어 있고 앞가장자리 부근에는 갈색 무늬가 약간 퍼져 있다. 앞날개와 뒷날개의 중실 끝에는 주홍색의 작은 점무늬가 한 개씩 있다. 날개 아랫면은 윗면보다 노란색이 좀더 연하고 앞뒤 날개의 중실 끝에 있는 작은 점무늬도 담색을 띠고 있어서 윗면과는 색상에 차이가 난다. 이 나비는 날개의 맥이 가늘고 약한데다 색상마저도 섬세하고 부드러워 여성다운 맛을 물씬 풍긴다. 성충은 연 1회 발생하는데, 6월 말에 우화한 개체는 한여름에는 휴면하고 9월경에 다시 활동하다가 추운 겨울이 되면 성충 그대로 동면(冬眠)을 한다. 대체로 멧노랑나비와 비슷한 점이 많지만 성충으로 월동한 뒤 날개에 갈색 반점이 나타나고 날개가 심하게 훼손되는 점이 다르다.
성충은 진달래, 마타리, 엉겅퀴, 개망초, 백일홍 등의 꽃에서 꿀을 즐겨 빨며 이따금 물가에서 무리를 지어 물을 먹기도 한다. 4월경에 교미를 마친 암컷은 5월에 애벌레의 먹이식물인 갈매나무, 참갈매나무, 털갈매나무 등의 새잎이나 줄기에 알을 한 개씩 낳는다. 애벌레는 이들 먹이식물을 먹으며 자라다가 6월 초순경에 번데기가 되고, 6월 말경에 성충으로 우화한다. 특이하게 각 해안 및 제주도를 비롯한 부속 섬에서는 발견되지 않고 있다.
해안과 섬을 제외한 우리나라 전역과 일본, 중국, 아무르, 우수리, 인도, 히말라야, 티베트에 분포한다.

멧노랑나비
Gonepteryx rhamni (Linnaeus)

날개를 편 길이는 55 내지 65밀리미터이다. 앞날개의 끝이 갈고리 모양으로 되어 있는데 각시멧노랑나비보다는 좀 무디다. 앞날개와 뒷날개의 중실에는 주홍색 점무늬가 있는데 각시멧노랑나비에 비해 더 크다. 수컷은 날개 윗면이 짙은 노란색 바탕이나 암컷은 약간 푸른빛을 띤 흰색이 대부분이다. 그러나 이따금 암컷에서도 수컷처럼 날개 윗면이 일부 노란색으로 나타나기도 한다. 성충은 연 1회 발생하는데, 6월에서 7월경에 우화한 개체는 무더운 한여름에는 휴면하고 9월경에 다시 활동하다가 추운 겨울이 되면 그대로 동면을 한다. 월동할 때에는 각시멧노랑나비와 달리 날개의 파손이 적어 이듬해 봄까지 깨끗한 상태를 유지하는 경우가 많다.

산지의 평활한 초지(草地)를 낮게 날아다니며 엉겅퀴, 유채, 등갈퀴나물, 쥐손이풀, 개망초, 풀명자 등 각종 꽃에 날아와 꿀을 즐겨 빤다. 더운 여름에는 계곡의 습지에 무리를 지어 물을 먹기도 한다. 각시멧노랑나비와 매우 비슷하지만 같은 장소에서 함께 섞여 지내지는 않는다. 다시 말해 서로가 세력권을 구분하여 활동하고 있는 것이다. 4월경에 교미를 마친 암컷은 5월에 애벌레의 먹이식물인 갈매나무의 잎 앞면이나 줄기에 알을 한 개씩 낳는다. 번데기는 갈매나무의 잎 뒷면이나 줄기에서 발견되며, 성충은 장마철에 나타난다. 성충의 수명은 10개월 정도로 대단히 긴 편이다.

우리나라의 북부와 중부, 남부 그리고 일본, 중국, 아무르, 히말라야, 유럽에 분포한다.

노랑나비
Colias erate (Esper)

날개를 편 길이는 47 내지 52밀리미터이다. 수컷은 날개 윗면이 노란빛 바탕에 앞날개의 바깥가장자리 쪽으로 넓게 검은색 무늬가 퍼져 있으며, 앞날개 가운데 부분에도 검은 점무늬가 하나 있다. 뒷날개에도 바깥가장자리를 따라서 검은 점무늬가 좁게 퍼져 있으며 중실 끝에는 주홍색의 둥근 점무늬가 하나 있다. 앞뒤 날개의 바깥가장자리는 붉은빛이 약간 돌고, 다리와 더듬이도 붉은빛을 띤다. 암컷은 백색형과 황색형의 두 가지가 있으나, 수컷은 황색형 한 가지만 있다. 이 경우 암컷은 유전적으로는 흰색형이 우성이며, 수컷은 흰색형보다는 황색형의 암컷에게 더 잘 유인되는 것으로 알려져 있다. 성충은 4월에서 10월에 걸쳐 연 2, 3회 출현한다.

평지의 풀밭이나 제방, 양지바른 야산의 초원 지대에서 살며 개망초, 엉겅퀴, 토끼풀, 구절초, 민들레 등의 꽃에서 꿀을 즐겨 빤다. 흰나비과의 다른 나비들에 비해 나는 모습이 빠르고 직선적이다. 교미를 마친 암컷은 애벌레의 먹이식물인 자운영, 토끼풀, 벌노랑이, 낭아초, 돌콩, 고삼, 개자리, 돌완두, 아까시나무 등의 어린 잎 앞면에 알을 한 개씩 낳는다. 알은 갓 나왔을 때는 백색이지만 점점 노란색으로 변하고 나중에는 붉은 자색을 띠게 된다. 부화한 애벌레는 여섯 번의 탈피 과정을 거쳐 번데기가 된다. 먹이식물 주변의 나뭇가지나 바위에 매달려 있던 번데기는 5일에서 10일 뒤 성충이 된다. 가을에 만들어진 번데기는 그대로 추운 겨울을 지낸 뒤 이듬해 봄에 성충이 된다.

우리나라 전역과 제주도, 울릉도 그리고 일본, 중국, 타이완, 만주, 연해주, 인도, 히말라야, 사할린, 시베리아, 동부 유럽에 분포한다.

갈구리나비
Anthocharis scolymus (Butler)

날개를 편 길이는 45 내지 50밀리미터이다. 머리와 가슴 부분에는 보드라운 털이 빽빽히 나 있고, 몸은 검은색이나 배 밑은 흰 비늘가루로 덮여 있다. 앞날개 아랫면의 날개끝과 뒷날개 아랫면에는 녹색의 얼룩무늬가 퍼져 있다. 앞날개끝이 갈고리 모양으로 뾰족하게 구부러져 있어서 갈구리나비라는 이름이 붙여졌다. 뒷날개의 아랫면에는 녹색과 노란색의 얼룩무늬가 어지럽게 골고루 퍼져 있다. 수컷은 앞날개의 끝 부분이 등황색을 띠고 있어서 암컷과 쉽게 구별된다. 평지에서는 4월에서 5월경에 출현하나, 높은 산지에서는 5월에서 6월경에 연 1회 출현한다.

이들은 산 속의 밭이나 계곡 주변의 양지바른 풀밭에서 주로 생활하며 무, 파, 민들레, 나무딸기, 장대나물 등의 꽃에서 꿀을 즐겨 빤다. 나는 모습이 가냘프기는 하지만, 흰 날개를 재빠르게 움직이며 일정한 높이로 부지런히 난다. 애벌레는 섬갯장대, 털장대, 개갓냉이 등의 꽃, 열매, 새잎 등을 먹고 자라는데 식성이 꽤 까다로운 편이다. 다 자란 애벌레는 6월에서 7월경에 번데기가 되는데 이 상태로 월동하게 되므로 번데기로 보내는 기간이 무려 8, 9개월이나 된다. 곧 여름, 가을, 겨울을 이 번데기 속에서 보내는 것이다.

우리나라의 북부와 중부, 남부, 제주도, 울릉도 그리고 일본, 중국, 만주, 시베리아에 분포한다.

대만흰나비
Pieris canidia (Sparrman)

날개를 편 길이는 38 내지 52밀리미터이다. 배추흰나비와 비슷하나 앞날개 바깥가장자리의 시맥 끝에 검은색 무늬가 있고 뒷날개 바깥가장자리의 시맥 끝에도 검은 점이 있어 쉽게 구별된다. 암컷은 수컷에 비해 날개 윗면에 검은색 무늬가 발달하여서 날개의 바탕색이 어둡다. 성충은 4월에서 10월에 걸쳐 연 2, 3회 출현한다.

배추흰나비는 인가나 밭 주위에서 많이 보이지만 대만흰나비는 주로 야산의 풀밭이나 산림의 경계가 되는 부근에서 살고 있다. 나는 모양이 배추흰나비보다 여려 보이고 바람이 약하면 활강하듯이 난다. 성충은 개망초, 엉겅퀴, 마디풀, 냉이 등의 꽃에서 꿀을 즐겨 빨며, 수컷은 습지에도 잘 모인다. 교미는 주로 오전 중에 하며, 암컷은 애벌레의 먹이식물인 미나리냉이, 나도냉이, 개갓냉이, 황새냉이 등의 잎에 알을 낳는다. 알은 처음에는 황백색이나 차츰 붉은색을 약간 띤 노란색으로 변해 간다. 애벌레는 처음에는 잎을 먹다가 나중에는 줄기를 기어 올라와 열매를 먹는다. 가을철에 번데기가 된 개체들은 그대로 월동한 뒤 이듬해 봄에 성충이 된다.

우리나라의 북부와 중부, 남부, 울릉도 그리고 일본, 중국, 타이완, 만주, 인도, 히말라야, 미얀마, 파키스탄에 분포한다.

① 짝짓기

② 알

③ 애벌레

④ 번데기

배추흰나비
Pieris rapae (Linnaeus)

날개를 편 길이는 45 내지 65밀리미터이다. 수컷의 날개는 밝은 유백색(乳白色)인 데 반해 암컷의 날개는 노란빛이 섞여 있다. 암컷은 수컷보다 검은색 무늬가 더욱 발달하였고, 앞날개 밑에는 검은색 가루가 대단히 많다. 성충은 3월 중순에서 10월에 걸쳐 연 3,4회 출현하는데, 봄형은 날개 아랫면에 검은색 비늘가루가 비교적 많은 편이다.
우리와는 친숙한 나비로 배추밭, 무밭 등지에서 살며 산지에는 오히려 개체수가 적다. 이 나비는 예부터 배추, 무, 양배추 등 십자화과의 재배 식물에 많은 피해를 주어 농부들한테는 대단히 원망을 사는 해충(害蟲)으로 이름이 높다. 성충은 무, 엉겅퀴, 파, 메밀 등의 꽃에서 꿀을 빠는데 특히 황색과 보라색 계통의 꽃을 좋아한다. 수컷은 암컷을 찾아 배회하면서 가끔씩 습지에서 물을 먹기도 한다. 교미를 마친 암컷은 먹이식물의 잎에 알을 한 개씩 낳는다. 알은 거의 길쭉한 모양을 하고 있는데, 이 알은 갓 산란되었을 때는 흰색이지만 나중에는 주황색으로 변한다. 알에서 부화한 직후의 애벌레는 노란색이지만 탈피 과정을 거치면서 애벌레의 몸 색깔은 보호색인 녹색을 띠게 된다. 네 번 허물을 벗고 난 뒤 번데기가 되는데, 이 때의 색깔은 잎사귀나 나뭇가지 등 매달린 장소에 따라 다르게 변하는 보호색을 띤다. 이들은 약 2주일 뒤 성충이 되는데, 성충인 나비도 약 2주일 정도 살면서 짝짓기를 한 뒤 죽는다. 늦가을에는 인가의 담 주변이나 경작지 부근의 돌 틈에서 월동하려는 번데기를 많이 볼 수 있다. 이 때 천적(天敵) 곤충에 의해 많이 희생을 당하며 무사히 겨울을 보낸 번데기는 이듬해 봄에 성충이 된다. 우리나라의 북부와 중부, 남부, 제주도, 울릉도 그리고 아시아, 유럽, 북아메리카, 하와이, 오스트레일리아, 뉴질랜드에 분포한다.

큰줄흰나비
Pieris melete (Ménétriès)

날개를 편 길이는 55 내지 65밀리미터이다. 날개는 전체적으로 백색 바탕이며 그 위로 검은색의 시맥들이 뻗어 있다. 암컷은 수컷에 비해 날개가 큰데 특히 암컷의 경우에는 앞날개 윗면에 검은색 무늬가 크게 발달해 있고, 뒷날개의 아랫면은 연한 노란빛을 띤다. 성충은 4월에서 10월에 걸쳐 연 2, 3회 출현한다. 큰줄흰나비는 계절형에 따라 암수의 날개에서 보이는 검은 비늘가루의 얼룩무늬에 큰 차이가 나타난다. 곧 봄형은 여름형에 비해 날개 윗면에 검은 비늘가루가 더 발달하였고, 날개 아랫면에도 노란 비늘가루가 더 잘 발달하여 있다.

성충은 주로 낮은 산지의 평지에서 많이 볼 수 있는데, 양지바른 수풀 속을 분주히 배회한다. 여러 마리가 떼를 지어 날기도 하며 개망초, 미나리냉이, 파, 참나리, 엉겅퀴, 꿀풀, 무 등의 꽃에서 꿀을 즐겨 빤다. 이따금 습지에서 물을 빨아먹는 모습도 흔히 볼 수 있다. 큰줄흰나비는 가장 햇볕이 따스한 오후 2시에서 3시 사이에 교미하는 것을 많이 볼 수 있다. 교미가 끝나면 암컷은 배를 높이 쳐들고 다른 수컷들이 덤벼드는 것을 막는 시늉을 취한다. 애벌레는 배추, 무, 고추냉이, 갯장대, 미나리냉이 등의 잎을 먹는다. 가을철에 번데기가 된 개체들은 그대로 월동한 뒤 이듬해 봄에 성충이 된다.

우리나라 전역과 일본, 중국, 아무르, 우수리, 사할린에 분포한다.

줄흰나비
Pieris napi (Linnaeus)

날개를 편 길이는 50 내지 60밀리미터이다. 큰줄흰나비와 대단히 비슷하여 혼동하는 경우가 많은데, 큰줄흰나비에 비해 일반적으로 작고 날개 모양이 약간 둥그스름하다. 그러나 이 두 종은 생활사와 겉모습이 대단히 비슷하여 한국산 나비 가운데 가장 구별하기가 힘들다. 성충은 4월에서 9월에 걸쳐 연 2, 3회 출현한다.

주로 계곡의 숲 가장자리나 빈터에 살며 큰줄흰나비에 비해 나는 힘이 약하다. 암수 모두 개망초, 엉겅퀴, 미나리, 꿀풀 등의 꽃에서 꿀을 즐겨 빨며, 수컷은 가끔씩 습지에서 무리지어 물을 먹기도 한다. 교미를 마친 암컷은 애벌레의 먹이식물인 갯장대, 미나리냉이, 고추냉이, 꽃황새냉이, 무, 배추 등의 잎에 알을 낳는다. 가을철에 번데기가 된 개체들은 그대로 월동한 뒤 이듬해 봄에 성충이 된다.

큰줄흰나비는 평지에 많은 데 비해, 줄흰나비는 중부 이북 지역과 한라산 고지 및 남부의 높은 산악 지대에 부분적으로 고립되어 분포한다. 유럽, 아시아, 북아메리카에도 분포한다.

풀흰나비
Pontia daplidice (Linnaeus)

날개를 편 길이는 40 내지 55밀리미터이다. 흰나비과 무리 가운데에서는 비교적 우아하고 고귀한 멋을 풍기는 나비이다. 암수는 날개 윗면의 무늬로 구별하는데, 암컷은 앞날개의 제1b실에 흑색의 무늬가 하나 있고 뒷날개 외연부(外緣部)에 이중의 흑색 줄무늬가 있으나, 수컷은 무늬가 없고 뒷날개 윗면도 흰색으로 무늬가 없다. 성충은 4월에서 10월에 걸쳐 연 2,3회 출현한다.

양지바른 풀밭에서 비교적 빨리 날며 여러 꽃에서 꿀을 빤다. 하천 주변에서 서식하는 무리들은 애벌레의 먹이식물인 꽃장대, 콩다닥냉이 등이 홍수로 유실되는 경우 개체수가 크게 줄어들 수 있으며, 다발생지가 인근 지역으로 이동하는 수도 있다. 애벌레는 먹이식물의 꽃이나 열매 및 잎을 먹으며, 쉴 때에는 먹이식물의 아래로 내려온다. 8, 9월경에는 먹이식물의 꽃과 열매에서 알, 애벌레, 번데기를 모두 볼 수 있는데 번데기는 주로 줄기 아랫부분에 형성되어 있다. 이 번데기 상태로 월동한 뒤 이듬해 봄에 성충이 되어 나온다.

우리나라 북부와 중부, 남부 그리고 중국에서 유럽에 걸친 유라시아 대륙 북부에 분포한다.

부전나비과

녹색부전나비아과 참까마귀부전나비
주홍부전나비아과 큰주홍부전나비, 작은주홍부전나비
부전나비아과 남방부전나비, 암먹부전나비, 푸른부전나비, 산꼬마부전나비,
부전나비, 작은홍떠점박이푸른부전나비

참까마귀부전나비
Fixsenia eximia (Fixsen)

날개를 편 길이는 33 내지 38밀리미터이다. 날개의 윗면은 암수 모두 짙은 흑갈색을 띠고 있는데, 수컷은 중실 끝 부근에 타원형의 성표가 있다. 날개의 아랫면은 회갈색 바탕에 앞날개에 한 줄, 뒷날개에 두 줄의 흰색 줄무늬가 나 있는데 뒷날개의 줄무늬는 물결 모양을 이룬다. 앞날개의 아랫면에는 제3실(M3) 부근에 검은 점이 나타난다. 뒷날개의 꼬리돌기 부근은 주홍색을 띠고 있으며 짙은 검은색의 점무늬가 두 개 나타난다. 성충은 6월에서 7월에 걸쳐 연 1회 출현한다.

산지의 계곡이나 잡목림 지대에서 살며 개체수는 그리 많지 않다. 수컷은 습지에서 물을 빨기도 하며 개망초, 큰까치수영 등의 꽃에서 꿀을 빨기도 한다. 수컷은 한낮에 세력권을 형성하기도 하나 심하지는 않다. 암컷은 애벌레의 먹이식물인 갈매나무, 참갈매나무, 털갈매나무 등의 가지 끝에 알을 낳는다. 알로 월동하며 이듬해 봄에 부화한 애벌레는 먹이식물의 잎을 먹고 자란다. 번데기는 작은 오뚝이 모양을 하고 있으며 흑갈색을 띤다.

우리나라의 북부와 중부, 남부 일부 지역 그리고 중국, 아무르에 분포한다.

큰주홍부전나비
Lycaena dispar (Haworth)

날개를 편 길이는 34 내지 38밀리미터이다. 수컷의 날개 윗면은 금빛이 도는 주황색으로 무늬는 없으나, 앞날개의 앞가장자리와 바깥가장자리 그리고 뒷날개의 바깥가장자리를 검은색의 테두리가 가늘게 감싸고 있다. 그리고 뒷날개의 바깥가장자리를 따라서 조그만 다섯 개의 검은 점무늬가 일정한 간격으로 늘어서 있다. 암컷은 수컷과 달리 앞날개의 바탕색이 조금 엷은 편이며, 중앙에 검은 점들로 이루어진 줄무늬가 발달하여 있다. 암컷의 뒷날개는 어두운 밤색으로 바깥가장자리를 따라서 주황색 띠가 넓게 드리워져 있다. 성충은 5월에서 10월에 걸쳐 연 2, 3회 출현한다.

주로 강둑이나 논밭 근처에 살며 암수 모두 토끼풀, 개망초, 미나리, 나무딸기 등의 꽃에서 꿀을 즐겨 빤다. 수컷은 오전에는 풀잎 위에서 쉬거나 세력권을 유지하는 행동을 종종 한다. 교미를 마친 암컷은 애벌레의 먹이식물인 소리쟁이, 참소리쟁이의 잎이나 마른 풀에 알을 한 개씩 낳는데, 산란 장소는 일정하지 않다. 부화한 애벌레는 먹이식물의 잎 뒷면에 붙어서 잎의 중간 중간에 구멍을 내면서 갉아먹는다. 월동은 애벌레의 상태로 하는데 여러 령의 애벌레가 나타나고 있다. 현재 이 종은 국내외적으로 환경의 파괴로 인해 점차 그 수가 줄어들고 있는 추세이다.

우리나라의 북부 지역과 중국, 아무르, 동북아시아, 유럽, 영국, 스칸디나비아 반도에 분포한다.

작은주홍부전나비
Lycaena phlaeas (Linnaeus)

날개를 편 길이는 27 내지 35밀리미터이다. 봄형의 앞날개는 주홍색 광택이 나는데 그 위에 검은 점무늬가 여러 개 찍혀 있으며 바깥가장자리 부분은 흑갈색을 띠고 있다. 뒷날개는 흑갈색 바탕에 바깥가장자리에 접하여 네 개의 검은 점무늬가 있고 이 점무늬의 안쪽으로 폭이 넓은 주홍색 띠가 있다. 앞날개 아랫면의 무늬는 앞면과 거의 같으나 대체로 색상이 옅은 편이다. 여름형은 봄형에 비해 다소 작아 보이며, 색상은 전체적으로 약간 진한 편이다. 암컷은 수컷에 비해 날개의 외연이 약간 둥글어 보이고, 주홍색 무늬가 다소 발달하였다. 성충은 4월에서 10월에 걸쳐 연 2,3회 출현한다.

산지의 풀밭이나 논둑, 밭 주변, 도시의 빈터 등 어디서나 살고 있는 흔한 종이다. 수컷은 꽃과 꽃 사이를 민첩하게 날며 풀잎 위에서 세력권을 형성한다. 암수 모두 토끼풀, 개망초, 민들레, 유채 등 갖가지 꽃에서 꿀을 즐겨 빤다. 암컷은 애벌레의 먹이식물인 수영, 애기수영, 개대황 등의 근처에 있는 마른 풀 위에 알을 한 개씩 낳는다. 알은 회백색을 띠고 있으며 만두처럼 둥글게 생겼다. 부화한 애벌레는 보통 낮에는 활동하지 않고 밤에 잎을 먹는다. 애벌레로 월동하며, 번데기는 먹이식물의 줄기나 그 주변의 낙엽, 조그만 돌 등에서 발견된다.

우리나라의 북부와 중부, 남부, 제주도 그리고 일본, 중국, 아무르, 히말라야, 러시아, 유럽, 북아프리카, 북아메리카에 분포한다.

남방부전나비
Pseudozizeeria maha (Kollar)

날개를 편 길이는 28 내지 30밀리미터이다. 수컷의 날개 윗면은 청색이고, 앞날개의 가장자리에는 검은빛이 넓게 퍼져 있으며, 뒷날개의 바깥가장자리에는 검은색의 작은 점무늬가 나란히 있고 가장자리끝은 백색을 띤다. 암컷의 날개 윗면은 어두운 회갈색이며, 날개의 밑부분에는 청색이 약간 드러나 있다. 날개의 아랫면은 회백색으로 작은 점무늬가 많이 있는데, 바깥가장자리를 따라서 검은 점들이 나란히 늘어서 있다. 대체로 먹부전나비와 비슷하나 무늬가 작고 뒷날개에 주홍색 무늬가 없다. 일반적으로 봄형과 가을형은 청색이 발달하였고, 여름형은 검은색이 더 발달하였다. 성충은 4월에서 10월에 걸쳐 연 3, 4회 출현한다.

논밭이나 하천의 제방, 도심의 공원 등지에서 쉽게 볼 수 있다. 풀밭 위를 낮게 날아다니며 민들레, 제비꽃, 개망초, 쑥부쟁이 등의 꽃에서 꿀을 즐겨 빤다. 일광욕을 할 때에는 날개를 반쯤 펴고 앉으나 그 밖의 대부분은 날개를 접고 앉으며, 이 때에 뒷날개를 비비는 습성이 있다. 봄이나 여름보다는 가을에 개체수가 늘어난다. 암컷은 애벌레의 먹이식물인 괭이밥이 군락을 이루는 곳에 날아와서 잎 뒷면에 한 개씩 알을 낳는다. 갓 낳은 알은 백색이나 차츰 흑회색으로 변한다. 갓 부화한 애벌레는 회황색을 띠고 있으나 3령 애벌레가 되면 녹색의 보호색을 띤다. 애벌레로 월동하며 보통은 작은 돌 틈이나 낙엽 밑에 붙어서 겨울잠을 잔다. 애벌레는 이듬해 봄에 먹이식물의 잎을 조금 더 먹은 뒤 번데기가 된다. 번데기의 색깔은 장소에 따라 다소 변하는 보호색을 띤다.

우리나라의 중부와 남부, 제주도, 울릉도 그리고 일본, 중국, 타이완, 인도, 말레이 반도, 아시아의 열대와 아열대 지역에 분포한다.

암먹부전나비
Everes argiades (Pallas)

날개를 편 길이는 20 내지 30밀리미터이다. 수컷의 날개 윗면은 청람색이며 바깥가장자리는 검은색이나 가장자리의 털은 백색이다. 뒷날개의 바깥가장자리에는 검은 점이 띠 모양을 이루며, 꼬리돌기는 아주 짧고 가는데 검은 바탕에 끝이 흰색을 띤다. 암컷의 날개 윗면은 짙은 흑갈색이며 뒷날개의 바깥가장자리와 안가장자리모[내연각(內緣角)] 근처에 있는 두 개의 검은 점무늬 위로 주홍색 점무늬가 있다. 암컷의 날개 윗면이 먹물처럼 검다 하여 암먹부전나비라고 부른다. 암수 모두 날개 아랫면은 회백색이며 검은 점무늬가 많이 박혀 있다. 뒷날개의 바깥가장자리와 안가장자리모 근처에 있는 두 개의 검은 점무늬는 주홍색으로 둘러싸여 있어 돋보인다. 성충은 4월에서 10월에 걸쳐 연 3,4회 출현한다.
들판이나 산지의 풀밭 등 전국 어디서나 쉽게 볼 수 있다. 암수 모두 각종 꽃을 좋아하여 냉이, 토끼풀, 조록싸리, 멍석딸기, 개망초 등의 꽃에서 꿀을 즐겨 빤다. 맑은 날에는 날개를 반쯤 펴고 일광욕을 하기도 하며 수컷은 습지에서 무리지어 물을 빨기도 한다. 애벌레는 칡, 등나무, 싸리류, 완두, 갈퀴나물, 매듭풀 등의 잎을 먹는다. 번데기로 월동하며 이듬해 봄에 우화한다.
우리나라의 북부와 중부, 남부, 제주도, 울릉도 그리고 일본, 중국, 타이완, 티베트, 아시아, 유럽에 분포한다.

푸른부전나비

Celastrina argiolus (Linnaeus)

날개를 편 길이는 22 내지 28밀리미터이다. 수컷의 날개 윗면은 연한 청색을 띠지만 앞날개의 앞가장자리는 회색, 바깥가장자리는 좁기는 하지만 흑갈색이다. 암컷은 앞날개 앞가장자리의 바깥쪽 중앙으로부터 바깥가장자리 부분까지 넓게 흑갈색을 띤다. 날개의 아랫면은 암수 모두 회백색 바탕에 검은 점무늬가 나 있으며 바깥가장자리를 따라 세 줄의 갈색 줄무늬가 있다. 들판이나 산지의 풀밭, 공원 등 전국 어디서나 쉽게 볼 수 있는 종으로 4월에서 10월에 출현한다.

토끼풀, 싸리, 냉이, 개망초 등 각종 꽃에 모여 꿀을 즐겨 빤다. 특히 수컷은 물을 먹기 위해 짐승이나 새의 배설물에도 잘 모이며 계곡의 습지에 떼를 지어 모이기도 한다. 암컷은 애벌레의 먹이식물인 등나무, 싸리류, 칡, 고삼, 아까시나무 등의 꽃봉오리에 알을 한 개씩 낳는다. 부화한 애벌레는 주로 꽃을 먹고 자라며 월동은 번데기 상태로 한다.

우리나라의 북부와 중부, 남부, 제주도, 울릉도 그리고 일본, 중국, 만주, 사할린에서 유라시아 대륙, 북아프리카 일부, 북아메리카 일부에 분포한다.

산꼬마부전나비
Plebejus argus (Linnaeus)

날개를 편 길이는 22 내지 28밀리미터이다. 수컷은 날개 윗면이 어두운 청람색 바탕에 가장자리가 넓은 검은색 띠로 드리워져 있다. 앞뒤 날개 모두 시맥이 검고 뚜렷하다. 암컷은 날개 윗면이 흑갈색으로 되어 있다. 날개의 아랫면은 은회색 바탕에 기부(基部) 쪽으로는 청색을 띠고 있어 약간 어둡다. 검은색 점무늬가 여러 개 나 있는데 앞날개의 검은 점은 타원형으로 되어 있다. 뒷날개에는 바깥가장자리를 따라서 귤빛을 띤 줄무늬가 있고 그 바깥쪽에는 검은색의 점무늬가 있다. 성충은 7월에서 8월에 걸쳐 연 1회 출현한다.

남한에서는 제주도의 한라산 중턱 이상의 고지대에 발달한 초지에 서식한다. 날씨가 좋으면 각종 꽃에 잘 모이며 수컷은 습지에서 물을 빨기도 한다. 보통은 천천히 낮게 날아다니며 교미는 주로 흡밀식물의 주변에서 이루어진다. 국내에서는 아직 이 나비의 생활사가 정확히 밝혀지지 않고 있다.

우리나라의 북부와 제주도의 한라산 그리고 일본, 중국, 만주, 시베리아, 유럽에 분포한다.

부전나비
Lycaeides argyrognomon (Bergsträsser)

날개를 편 길이는 26 내지 32밀리미터이다. 수컷의 날개 윗면은 청람색 바탕이며 가장
자리는 검은색 띠로 드리워져 있다. 시맥은 검고 가늘며 그 윤곽이 뚜렷한 편이다. 암
컷의 날개 윗면은 흑갈색 바탕에 바깥가장자리를 따라서 주홍색의 무늬가 발달하여 있
다. 날개의 아랫면은 은회색 바탕이며 기부 쪽으로는 약하게 청색 기운이 감돌고 있다.
검은 점무늬가 여러 개 나 있는데 앞날개의 검은 점은 원형에 가깝게 되어 있다. 앞뒤
날개 모두 바깥가장자리를 따라서 주홍색의 줄무늬 바깥쪽으로 검은 점무늬가 있는데
그 속에 푸른 점이 나타난다. 성충은 5월에서 10월에 걸쳐 연 2, 3회 출현한다.
양지바른 논밭 주변이나 하천의 제방 등지에서 많이 살며 여러 꽃에서 꿀을 빨거나 습
지에서 물을 먹는다. 쉬거나 일광욕을 할 때는 날개를 반쯤 펴고 앉는 습성이 있다. 암
컷은 애벌레의 먹이식물인 갈퀴나물의 꽃봉오리나 줄기에 알을 한 개씩 낳는다. 알로
월동하며 이듬해 봄에 부화한 애벌레는 먹이식물의 잎을 먹고 자란다.
우리나라 전역과 유라시아 북부, 북아메리카 북부에 분포한다.

작은홍띠점박이푸른부전나비
Scolitantides orion (Pallas)

날개를 편 길이는 24 내지 30밀리미터이다. 날개의 윗면은 검은색 바탕에 청색이 약간 드리워져 있다. 가장자리의 털은 흰색과 검은색이 번갈아 나타난다. 바깥가장자리를 따라 둥근 검은색의 무늬들이 늘어서 있고 그 주위는 푸른빛을 띠고 있다. 날개의 아랫면은 회백색으로 흑갈색 점무늬가 훨씬 뚜렷하게 보인다. 뒷날개 아랫면의 바깥가장자리 쪽으로는 검은 점으로 이루어진 줄무늬가 두 개 나란히 있는데 이 무늬 사이를 주홍빛의 띠가 채우고 있다. 날개 아랫면의 작은 주홍띠와 검은 점 그리고 날개 윗면의 푸른 무늬를 특징으로 삼아 작은홍띠점박이푸른부전나비란 이름이 지어졌다. 성충은 4월에서 8월에 걸쳐 연 2회 출현한다.

하천 가나 야산의 길가에 많이 살며 주로 냉이, 민들레 등의 꽃에서 꿀을 즐겨 빤다. 수컷은 습지에도 잘 모이며 햇볕이 따뜻하면 날개를 반쯤 펴고 일광욕도 한다. 암컷은 애벌레의 먹이식물인 돌나물의 잎이나 꽃, 줄기에 알을 한 개씩 낳는다. 알은 둥근 모습으로 회백색을 띠고 있는데 가운데가 약간 오므라들어 있다. 갓 태어난 애벌레의 머리는 검은색이고 몸은 녹색이지만 차츰 몸 빛깔이 담녹색으로 변했다가 나중에는 흑갈색이 된다. 종령 애벌레일 때는 주변의 배설물에 개미들이 모여드는 경우가 많다. 번데기는 돌나물 주변의 돌 밑이나 덤불에 매달려서 만들어지며 이 상태로 월동한다.

우리나라의 북부와 중부, 남부, 울릉도 그리고 일본, 중국, 아무르, 서아시아, 유럽, 스칸디나비아 반도에 분포한다.

네발나비과

뿔나비아과 뿔나비
왕나비아과 왕나비
네발나비아과 봄어리표범나비, 여름어리표범나비, 작은은점선표범나비,
큰표범나비, 흰줄표범나비, 큰흰줄표범나비, 암끝검은표범나비, 은줄표범나비,
은점표범나비, 제이줄나비, 제일줄나비, 별박이세줄나비, 황세줄나비,
중국황세줄나비, 두줄나비, 북방거꾸로여덟팔나비, 거꾸로여덟팔나비,
네발나비, 산네발나비, 청띠신선나비, 큰멋쟁이나비, 작은멋쟁이나비, 먹그림나비,
황오색나비, 번개오색나비, 은판나비, 밤오색나비, 유리창나비, 대왕나비
뱀눈나비아과 물결나비, 애물결나비, 산지옥나비, 도시처녀나비, 굴뚝나비,
조흰뱀눈나비, 부처나비, 부처사촌나비

뿔나비
Libythea celtis (Laicharting)

날개를 편 길이는 40 내지 50밀리미터이다. 입술이 몹시 튀어나와 마치 주둥이에 긴 뿔이 돋은 듯한 모양을 하고 있어 뿔나비라는 이름이 붙여졌다. 앞날개의 바깥가장자리는 날카롭고 깊게 모가 나 있으며, 뒷날개의 바깥가장자리도 손톱으로 뜯어낸 것처럼 울퉁불퉁한 모가 나 있다. 앞날개 중앙에는 오렌지색의 큰 무늬가 있고, 앞날개의 끝 부근에는 네 개의 흰 점무늬가 있다. 수컷은 암컷에 비해 날개 윗면에 주황색 무늬가 덜 발달하였으며 앞다리에 긴 털이 나 있다. 성충은 연 1회 출현하는데, 월동한 성충은 4월 초부터 활동을 하며 새로 부화한 애벌레는 6월 중순경에 우화하여 10월까지 활동한다. 성충은 주로 활엽수가 많은 계곡에서 살며, 길가의 습지에서 떼지어 물을 먹기도 한다. 여름에는 썩은 과일이나 동물의 사체에도 잘 모이며, 한여름에는 하면을 하고 가을철에는 꽃에서 꿀을 빨기도 한다. 성충으로 월동한 뒤, 이듬해 봄에 암컷은 애벌레의 먹이식물인 느릅나무과의 팽나무나 풍게나무의 어린 잎이나 가지에 알을 한 개씩 낳는다. 부화한 애벌레는 대부분 녹색을 띠지만 때로는 갈색형이나 흑색형도 나타난다. 유충은 성장 속도가 대단히 빠르며 번데기는 먹이식물의 잎사귀에 매달린 채로 형성한다.
우리나라의 북부와 중부, 남부 그리고 일본, 중국, 타이완, 히말라야, 인도, 유럽, 남북 아메리카에 분포한다.

왕나비

Parantica sita (Kollar)

날개를 편 길이는 95 내지 110밀리미터이다. 날개의 바탕은 은회색인데 앞날개의 중앙에서 바깥쪽으로는 검은색을 띠며 시맥도 검고 반투명하다. 뒷날개 아랫면의 색은 앞면과 거의 같으나 바깥가장자리를 따라서 두 줄의 작고 흰 얼룩무늬가 나 있다. 수컷은 뒷날개의 후각(後角) 부근에 검은색의 성표가 나 있다. 성충은 5월에서 9월에 출현하는데 내륙 지방에서는 연 2회, 제주도에서는 연 3회 출현한다.

숲 가장자리에서 꽃을 찾아 날개를 편 채로 유유히 날아다니거나 산꼭대기에서 배회한다. 이따금 놀라면 하늘 높이 날아오르는 습성도 있다. 기상 요인 등으로 인해 서식지를 벗어나 일시적으로 멀리 떨어진 곳에서 나타나기도 한다. 그래서 남방 계통인 이 나비가 북한의 평안도 지방에서 출현하기도 한다. 암컷은 애벌레의 먹이식물인 박주가리과의 큰조롱, 나도큰조롱 등 식물의 잎 뒷면에 알을 한 개씩 낳는다. 부화한 애벌레는 먹이식물의 잎 뒷면에 붙은 채 잎을 동그랗게 구멍을 내며 파먹는다. 다 자란 애벌레는 잎 뒷면에 매달린 채로 번데기가 되는데 황금색 광택이 나며 마치 오뚝이처럼 생겼다.

우리나라 북부와 중부, 남부, 제주도, 울릉도 그리고 일본, 중국, 타이완, 동남아시아, 히말라야, 아프가니스탄에 분포한다.

봄어리표범나비
Mellicta britomartis (Assmann)

날개를 편 길이는 29 내지 32밀리미터이다. 과거에는 분류학상 여름어리표범나비와 구분하다가 한때 같은 종으로 취급되어 최근까지 왔다. 그러나 최근에는 두 종이 생식기, 분포 범위, 출현 시기 등에서 다소의 차이가 나기 때문에 다른 종으로 분류하고 있다. 봄어리표범나비는 여름어리표범나비에 비해 일반적으로 크기는 작으나 날개 윗면의 검은색 얼룩무늬는 더 발달하여 있다. 이 얼룩무늬는 규칙적으로 늘어서 있는데 그 모습이 시골에서 병아리를 가두어 기르기 위해 싸릿대를 엮어 만든 어리처럼 보인다고 하여 이와 같은 이름이 붙여졌다. 뒷날개 아랫면의 중앙에 있는 띠는 폭이 넓고 어두운 황백색을 띠고 있으나, 여름어리표범나비는 황백색을 띤 것이 많다. 성충은 5월에서 6월에 걸쳐 연 1회 출현한다.

주로 평지나 낮은 산지 주변의 풀밭에서 살며 엉겅퀴, 큰까치수영 등 여러 꽃의 꿀을 즐겨 빤다. 수컷은 낮은 풀 사이를 활발하게 날아다니는 반면 암컷은 조금 느리게 활동하며 풀잎 위에서 쉬는 경우가 많다. 암컷은 애벌레의 먹이식물인 질경이의 잎 뒷면에 알을 낳는다. 알에서 부화한 애벌레는 자라다가 그 상태로 월동한다. 이듬해 봄에 번데기가 된 뒤 5월경에 성충이 된다.

우리나라의 북부와 중부, 남부 그리고 일본, 중국, 아무르, 러시아, 유럽에 분포한다.

여름어리표범나비
Mellicta ambigua (Ménétriès)

날개를 편 길이는 35 내지 40밀리미터이다. 암컷은 수컷보다 좀더 크고 날개의 바깥가 장자리가 약간 둥글게 보인다. 봄어리표범나비에 비해 날개 윗면의 기부 쪽 바탕색이 다소 밝으며, 중앙에서 안쪽으로 8자 모양과 0자 모양의 검은 무늬가 두 개 있다. 봄어 리표범나비에 비해 크고 성충의 출현 시기가 한 달 가량 늦어 그 동안 봄어리표범나비의 여름형으로 취급하여 왔다. 성충은 6월에서 8월경에 연 1회 출현한다.

주로 높은 산지의 풀밭에서 살며 개망초, 엉겅퀴 등의 꽃에서 꿀을 즐겨 빤다. 날 때에는 날개를 수평으로 폈다 접었다 하면서 꽃과 꽃 사이를 자주 옮겨 다닌다. 수컷은 이따금 습지에도 모이며, 암컷은 나뭇잎이나 풀잎 위에서 쉬는 경우가 많다. 암컷은 애벌레의 먹이식물인 제비쑥의 잎 뒷면에 알을 낳는다. 알에서 부화한 애벌레는 자라다가 가을철에 실을 토하여 여러 마리가 마른 잎으로 둥지를 엮은 뒤 그 속에서 집단으로 월동한다. 이듬해 봄에 새로 돋아난 잎을 먹으며 좀더 자란 애벌레는 분산하여 활동하다가 6월 초순경에 번데기가 된 뒤 6월 중순쯤 성충이 되어 나온다.

우리나라의 북부와 중부, 남부의 내륙 산지 그리고 일본, 중국, 아무르, 우수리, 러시아, 유럽에 분포한다.

작은은점선표범나비
Clossiana perryi (Butler)

날개를 편 길이는 42 내지 45밀리미터이다. 암컷은 수컷보다 약간 크고 날개 모양도 둥그스름하다. 날개의 윗면은 적황색 바탕에 검은색 점무늬가 어지럽게 나 있다. 뒷날개의 아랫면 중앙 부근에는 은점 무늬가 여러 개 있고 바깥가장자리에는 은점선 무늬가 톱날처럼 뻗어 있다. 날개의 무늬는 지역에 따라 변이가 많은데 날개 윗면의 검은 표범무늬는 북부 지방이나 내륙의 깊은 산에 살고 있는 것이 남부 지방이나 평지에 사는 것에 비해 약간 더 검은 경향을 보인다. 성충은 4월에서 9월에 걸쳐 연 3회 출현한다. 낮은 산지의 양지바른 능선이나 계곡 주변의 풀밭, 하천의 제방, 경작지 주변 등의 풀밭에서 산다. 개망초, 들국화 등의 꽃에서 꿀을 즐겨 빠는데 대체로 봄보다는 여름에서 가을에 걸쳐 개체수가 늘어나는 경향이 있다. 암컷은 애벌레의 먹이식물인 제비꽃, 메제비꽃, 졸방제비꽃 등의 주변에 있는 마른 풀줄기 등에 알을 낳는다. 부화한 애벌레는 독립 생활을 하다가 다 자라면 바위 틈이나 담벼락에서 번데기가 된다. 번데기로 월동한 뒤 이듬해 봄에 성충이 되어 나온다.
우리나라의 북부와 중부, 남부 그리고 중국, 사할린, 중앙아시아, 러시아, 유럽에 분포한다.

큰표범나비
Brenthis daphne (Denis et Schiffermüller)

날개를 편 길이는 48 내지 57밀리미터이다. 날개 윗면에는 적황색 바탕에 검은색 점무늬가 여러 개 있다. 암컷이 수컷보다 약간 크고 날개 윗면의 바탕색은 좀 옅은 편이다. 뒷날개 아랫면의 기부 쪽에는 황녹색 바탕에 짙은 밤색 물결이 몇 줄 있고, 그 바깥으로 붉은 자줏빛 바탕에 진한 흑갈색 무늬가 퍼져 있다. 유사종인 작은표범나비는 뒷날개 아랫면의 기부 쪽이 연녹색을 띠고 있고 그 바깥의 붉은 자줏빛이 약하여 구분되나 개체 변이가 심하여 혼동하는 수가 많다. 성충은 6월에서 8월에 걸쳐 연 1회 출현한다. 다른 대형 표범나비류에 비해 날아다니는 모습이 더디고, 활동 범위도 좁은 편이다. 바람이 약한 계곡 주변이나 낮은 산지의 초지에 살며 개망초, 엉겅퀴, 조뱅이 등의 꽃에서 꿀을 즐겨 빤다. 낮에 기온이 올라가면 산길의 습지에서 물을 먹는 수컷을 볼 수 있다. 암컷은 잡초 위나 작은 나무의 잎 위에 앉아 날개를 펴고 일광욕을 자주 한다. 암컷은 애벌레의 먹이식물인 오이풀, 애기오이풀, 가는오이풀 등의 잎 뒤에 한 개씩 알을 낳는다. 애벌레 상태로 먹이식물 주변의 마른 잎이나 돌 틈에 숨어서 월동한다. 이듬해 봄에 더 자란 애벌레는 5월 중순경에 번데기가 된다.

우리나라의 북부와 중부, 남부 그리고 일본, 중국, 아무르, 사할린, 중앙아시아, 러시아, 유럽에 분포한다.

흰줄표범나비
Argyronome laodice (Pallas)

날개를 편 길이는 58 내지 68밀리미터이다. 암컷은 수컷에 비해 일반적으로 크고 날개 모양이 약간 둥그스름하다. 또한 암컷은 앞날개 윗면의 날개끝에 삼각형의 작은 흰색 무늬가 나타난다. 수컷은 앞날개 윗면의 제1b, 2맥 위에 굵고 검은 줄무늬의 성표가 있다. 뒷날개 아랫면의 절반은 연한 녹색인데 중앙에 흰 줄무늬와 짙은 밤색의 띠가 있다. 바깥가장자리 부근은 보랏빛이 나는 연한 밤색을 띤다. 성충은 6월에서 10월에 걸쳐 연 1회 출현한다.

야산의 풀밭이나 하천 가, 산등성이의 초지 등에서 살며 엉겅퀴, 개망초, 큰까치수영 등의 꽃에서 꿀을 즐겨 빤다. 도로변의 습지나 동물의 배설물에도 잘 모인다. 더운 여름철에는 잠시 하면을 하고 8월 중순부터 다시 활동을 한다. 암컷은 9월 초순에 먹이식물인 졸방제비꽃, 각시제비꽃, 흰털제비꽃, 노랑제비꽃 등 제비꽃류의 주변에 있는 마른 풀이나 돌 위에 알을 한 개씩 낳는다. 애벌레 상태로 먹이식물 주변의 마른 잎이나 돌 틈에 숨어서 월동한다.

우리나라의 북부와 중부, 남부, 제주도 그리고 일본, 중국, 아무르, 사할린, 아삼, 러시아, 유럽에 분포한다.

큰흰줄표범나비
Argyronome ruslana (Motschulsky)

날개를 편 길이는 65 내지 78밀리미터이다. 흰줄표범나비와 유사하나 더 크고 앞날개의 끝 부분이 약간 바깥으로 튀어나와 있다. 또한 뒷날개 윗면의 중앙에 있는 검정색 줄무늬가 이 종은 이어져 있으나 흰줄표범나비는 시맥에 끊기어 토막 나 있어 쉽게 구별된다. 수컷은 날개 윗면의 바탕색이 암컷보다 붉은색이 강하게 돌고 앞날개 윗면의 제1b, 2, 3맥 위에 굵은 검은색 줄무늬의 성표가 세 개 있다. 암컷은 수컷보다 일반적으로 크고 날개 모양이 둥그스름하며 앞날개 윗면의 날개끝에 삼각형의 작은 흰색 무늬가 나타난다. 성충은 6월 중순에서 9월에 걸쳐 연 1회 출현한다.
흰줄표범나비보다는 산지성이며 출현 시기가 약간 늦은 편이나 하면과 산란 습성 등은 거의 같다. 이들은 같은 장소에 두 종이 섞여 사는 경우가 많으나 개체수는 흰줄표범나비에 비해 큰흰줄표범나비가 훨씬 적은 편이다. 애벌레는 제비꽃류의 잎을 먹고 자라며 애벌레 상태로 월동한다.
우리나라의 북부와 중부, 남부의 내륙지방 그리고 일본, 중국, 아무르, 사할린에 분포한다.

암끝검은표범나비
Argyreus hyperbius (Linnaeus)

날개를 편 길이는 70 내지 80밀리미터이다. 수컷의 날개 윗면은 다른 표범나비류와 같이 귤빛 바탕에 검은 점무늬가 퍼져 있다. 그러나 암컷의 앞날개끝은 절반 가량이 검게 그을린 듯 어두운 흑자색을 띠고 있다. 그래서 암끝검은표범나비란 이름이 붙여졌는데 암수가 전혀 다른 모습을 하고 있다. 암컷의 앞날개끝 검은 부분에는 넓게 흰색의 띠무늬가 있어 한층 돋보인다. 수컷의 앞날개 아랫면은 날개끝이 연한 녹색을 띠고 있고 은색 무늬가 몇 개 있으며 그 밖에는 붉은빛이 돈다. 반면에 뒷날개 아랫면에는 은색과 연녹색 무늬 및 검은 줄 모양의 무늬가 아름답게 어우러져 있다. 성충은 2월에서 11월에 걸쳐 연 3, 4회 출현한다.

남부 도서 지방이나 해안가 등의 야산이나 풀밭 등지에서 사는데 이따금 서해안을 따라 중부 지방까지 북상하기도 한다. 수컷은 들판이나 야산을 경쾌하게 날아다니며, 산꼭대기에서 세력권을 형성하기도 한다. 암수 모두 꽃을 좋아하여 엉겅퀴, 큰까치수영, 해바라기, 중나리 등의 꽃에서 꿀을 즐겨 빤다. 암컷은 애벌레의 먹이식물인 제비꽃류의 잎이나 그 주변의 풀, 바위 등에 알을 한 개씩 낳는다. 갓 부화한 1령 애벌레 상태로 월동하는데, 추위에 약하여 제주도나 남부 해안 지방에서만 번식이 가능하다. 제주도의 남부 지역에서는 2월에도 성충이 나타나는 것으로 보아 성충으로도 월동하는 것 같다. 우리나라의 중부 이남과 제주도, 울릉도 그리고 일본, 중국, 미얀마, 히말라야, 파키스탄, 인도, 오스트레일리아, 동남아시아, 북아프리카 북동부에 분포한다.

은줄표범나비
Argynnis paphia (Linnaeus)

날개를 편 길이는 65 내지 80밀리미터이다. 수컷의 날개 윗면은 다른 표범나비류와 같이 붉은 감색 바탕에 검은색의 점무늬가 많고, 앞날개의 윗면에는 제1b맥에서 제4맥 위에 네 개의 검은색 줄무늬의 성표가 있다. 암수 모두 앞날개 아랫면의 색이 윗면보다 엷고, 뒷날개 아랫면은 초록색 바탕에 은백색의 줄무늬가 선명하게 뻗어 있다. 대부분의 표범나비류들은 모두 날개 아랫면에 은빛의 점이나 줄이 있는데 이 나비의 은색 줄무늬는 독특하게도 짙은 녹색의 얼룩무늬 가운데에 은색의 줄무늬가 세로로 뻗어 있어서 다른 종류와 쉽게 구별된다. 한편 암컷의 경우 이따금 날개의 윗면에 어두운 흑화형이 나타나기도 하는데 주로 고산 지대에서 많이 발견된다. 성충은 5월에서 9월에 걸쳐 연 1회 출현하는데 낡은 개체는 종종 10월 초까지 발견되기도 한다.

낮은 산지나 계곡 주변의 숲 속을 빠르게 날아다니며 쉬땅나무, 큰까치수영, 꿀풀, 엉겅퀴 등의 꽃에서 꿀을 즐겨 빤다. 이 나비도 더운 여름철에는 하면을 하고 가을에 다시 활동을 한다. 암컷은 애벌레의 먹이식물인 흰털제비꽃 등 제비꽃과의 식물들이 군락을 이루고 있는 곳으로 날아와 나무껍질이나 작은 돌멩이 위에 알을 낳는다. 부화한 애벌레는 먹이식물로 이동하여 주로 밤에 먹이 활동을 한다. 애벌레 상태로 월동하며 이듬해 봄에 풀이나 나뭇잎의 뒷면에서 번데기를 형성한다.

우리나라의 북부와 중부, 남부, 제주도, 울릉도 그리고 일본, 중국, 대만, 러시아, 유럽, 북아프리카에 분포한다.

은점표범나비
Fabriciana adippe (Linnaeus)

날개를 편 길이는 55 내지 70밀리미터이다. 표범나비류에서는 중간 정도의 크기인데
날개 아랫면의 은색 무늬에 변이가 많아서 여러 가지 아종(亞種)으로 취급되기도 한다.
날개의 아랫면에 은점이 많아서 은점표범나비라는 이름이 붙여졌다. 수컷은 앞날개 윗
면의 제2, 3맥 위에 검은색 줄무늬의 성표가 있다. 암컷은 수컷에 비해 약간 크며 날개
의 폭도 넓고 둥그스름하다. 날개의 바탕색도 암컷이 수컷보다 진하며 날개 아랫면의
은백색 무늬도 암컷이 크고 선명하다. 지금까지 이 나비의 종명은 *pallescens* (Butler)로
도 사용되어 왔다. 성충은 5월에서 9월에 걸쳐 연 1회 출현한다. 더운 여름철에는 잠시
하면을 하다가 9월경에 다시 나타난다.
산 속의 양지바른 기슭이나 잡목이 듬성듬성 나 있는 산길 주변의 풀밭에 있는 개망초,
엉겅퀴, 마타리, 개쉬땅나무, 큰수리취, 달래, 큰까치수영, 꿀풀, 제비쑥, 조뱅이 등의
꽃에서 꿀을 즐겨 빤다. 낮에 기온이 높아지면 습지에서 물을 먹기도 한다. 암컷은 애
벌레의 먹이식물인 털제비꽃의 군락지 부근에 있는 낙엽이나 마른 가지 등에 알을 한
개씩 낳는다. 알은 만두처럼 둥근 형태로, 처음에는 담황색을 띠다가 점차 검은색으로
변한다. 알에서 갓 부화한 상태로 월동하며 이듬해 봄에 다시 먹이식물의 새싹을 더 먹
은 다음 6월 초순경에 실을 토해 번데기가 된다.
우리나라의 북부와 중부, 남부, 제주도 그리고 일본, 중국, 만주, 아무르, 우수리, 카
슈미르, 러시아, 유럽 중남부, 아프리카 북부에 분포한다.

제이줄나비
Limenitis doerriesi Staudinger

날개를 편 길이는 53 내지 57밀리미터이다. 날개의 앞면은 짙은 흑갈색 바탕에 흰색의 줄무늬가 있는데 제일줄나비와 매우 비슷하다. 앞날개 윗면의 흰색 띠는 끝이 약간 굽어 있으며 중실 바깥쪽에 있는 세 개의 흰 점 가운데 중간에 있는 것이 가장 길다. 또한 뒷날개 아랫면의 아외연(亞外緣)에 따르는 흰 무늬 안쪽에 작은 검은 점이 나 있는데 이것으로 제일줄나비와 구별한다. 암컷은 날개의 외연이 약간 둥글게 보이는데 확실히 구별하려면 배 끝을 확인하여 보아야 한다. 성충은 5월 하순에서 9월에 걸쳐 연 2회 출현한다.

제일줄나비에 비해 분포 범위가 다소 좁으며 산지의 계곡 주변이나 관목 사이를 천천히 날아다닌다. 산초나무, 조팝나무 등의 꽃에서 꿀을 즐겨 빨며 짐승의 배설물에도 잘 모인다. 또한 참나무류의 수액이나 습지에서 물을 먹기도 한다. 습기가 많거나 기온이 낮은 오전에는 날개를 펴고 앉아서 일광욕을 하는 경우가 많다. 암컷은 주로 오후에 애벌레의 먹이식물인 괴불나무, 올괴불나무, 작살나무 등의 잎 뒷면에 알을 한 개씩 낳는다. 애벌레로 월동하며 이듬해 5월 중순경에 번데기가 된다.

우리나라의 북부와 중부, 남부 그리고 중국, 만주, 아무르, 우수리에 분포한다.

제일줄나비

Limenitis helmanni Lederer

날개를 편 길이는 50 내지 55밀리미터이다. 제이줄나비, 제삼줄나비와 비슷하나 앞날개의 제1b실에 있는 흰색의 점과 제5실에 있는 흰색의 점무늬를 연결하면 일직선이 되며, 제2실과 제3실에 있는 두 개의 흰색 점무늬는 바깥가장자리 쪽으로 벗어나 있다. 그리고 뒷날개 아랫면의 아외연에 따르는 흰 무늬의 안쪽에 작은 검은 점이 없는 것이 제이줄나비와의 차이점이다. 앞날개의 길이는 암컷이 수컷보다 약간 크며, 암컷은 수컷에 비해 날개 바탕색이 약간 옅은 편이고 날개의 외연이 둥글게 보인다. 성충은 5월 하순에서 9월에 걸쳐 연 2회 출현한다.

주로 잡목이 우거진 수풀 속을 활발히 날아다니며 산초나무 등 꽃에서 꿀을 즐겨 빤다. 수컷은 계곡의 습한 곳에 모여 물을 먹기도 하고 짐승의 배설물이나 참나무류의 수액에도 모인다. 암컷은 애벌레의 먹이식물인 인동덩굴, 댕댕이덩굴, 올괴불나무, 각시괴불나무 등의 잎 뒷면에 알을 한 개씩 낳는다. 애벌레로 월동하며 이듬해 5월 중순경에 번데기가 된다.

우리나라의 북부와 중부, 남부, 제주도 그리고 중국, 아무르, 우수리, 알타이에 분포한다.

별박이세줄나비
Neptis pryeri Butler

날개를 편 길이는 45 내지 60밀리미터이다. 날개의 윗면은 대체로 애기세줄나비와 비슷하다. 그러나 앞날개 윗면의 기부에서 나온 흰 띠가 다섯 개의 작은 점무늬로 나뉘어져 있고, 뒷날개의 아랫면 기부에는 열 개 정도의 크고 작은 검은 점들이 별 모양을 이루고 있다. 세줄나비 무리 가운데에서는 특이하게 이러한 점무늬가 있어서 이름이 붙여졌다. 날개의 가장자리는 부드러운 흰색으로 검은색과 흰 줄무늬가 잘 어울려 있다. 암컷은 수컷에 비해 앞날개의 끝 부분이 약간 둥글게 보인다. 성충은 봄형이 5월에서 6월, 여름형이 8월에서 9월에 걸쳐 연 2회 출현한다.

양지바른 숲 가장자리에 살며 관목이나 풀밭 위를 천천히 활강하듯 날아다닌다. 애벌레의 먹이식물인 조팝나무, 능수조팝나무 주위를 맴돌며 서식지를 멀리 벗어나지 않는다. 찔레꽃, 산초나무, 조팝나무 등의 꽃에서 꿀을 즐겨 빨며 동물의 배설물이나 사체에 모여 즙을 빨기도 한다. 암컷은 조팝나무, 능수조팝나무 등의 잎 가장자리에 알을 한 개씩 낳는다. 갓 부화한 애벌레는 잎 끝으로 기어가서 가장자리부터 갉아먹기 시작한다. 잎이 시들면 접어서 집을 만들고 그 속에 들어가 생활한다. 애벌레의 상태로 월동하며 이듬해 봄에 다시 새잎을 더 먹고는 5월 초순경에 번데기가 된다.

우리나라의 북부와 중부, 남부 그리고 일본, 중국, 타이완, 아무르, 우수리, 시베리아에 분포한다.

황세줄나비

Neptis thisbe Ménétriès

날개를 편 길이는 70 내지 88밀리미터이다. 세줄나비류 중에서 날개에 황색 줄무늬가 있어 붙여진 이름이다. 날개의 윗면에는 흑갈색 무늬가 퍼져 있으며, 날개의 양쪽면 거의 같은 위치에는 황색 줄무늬가 있다. 암컷은 수컷에 비해 크고 날개의 형태가 약간 둥글어 보인다. 수컷은 뒷날개 윗면 앞가장자리의 검정색이 연하고 제7실이 광택이 난다. 성충은 6월에서 8월에 걸쳐 연 1회 출현한다.

양지바른 숲의 낮은 관목 위를 빠르게 날며, 참나무과의 줄기에서 흐르는 수액에 잘 모인다. 이따금 동물의 배설물이나 사체에서 즙을 빨기도 한다. 암컷은 애벌레의 먹이식물인 졸참나무, 신갈나무 등의 잎 끝에 알을 한 개씩 낳는다. 부화한 애벌레는 먹이식물의 잎을 먹고 자라다가 애벌레 상태로 월동한다.

우리나라의 북부와 중부, 남부 그리고 중국, 아무르, 우수리에 분포한다.

중국황세줄나비
Neptis tshetverikovi Kurentzov

날개를 편 길이는 60 내지 78밀리미터이다. 황세줄나비와 비슷하나 크기가 약간 작은 편이다. 황세줄나비 무리 가운데에서는 날개 윗면의 노란 띠가 제일 색깔이 짙고 제2, 3 실의 무늬 바깥쪽이 거의 직선으로 되어 있다. 뒷날개의 중앙에 있는 노란 띠의 제5, 7 실 무늬가 약간 바깥쪽으로 튀어나와 있다. 암컷은 수컷에 비해 크며 날개 모양이 현저하게 가로로 길고 모든 노란색 무늬도 가로로 길게 되어 있다. 성충은 6월에서 7월에 걸쳐 연 1회 출현한다.

수컷은 양지바른 산길에서 이따금 일광욕을 하며 비가 온 뒤 축축한 습지나 도로변에서 쉬는 경우가 많다. 암컷은 나무 위를 높게 날거나 나뭇잎 위에서 쉬는 경우가 많아 눈에 잘 띄지 않는다. 국내에서는 태백산맥에 속하는 강원도 오대산, 계방산, 방대산, 가칠봉 등에서 서식하고 있으나 그 밀도는 대단히 낮다. 과거 이 종은 *Neptis yunnana* Oberthür로 취급되어 왔으며 국내에서의 생활사는 아직 밝혀지지 않았다.

우리나라의 북부와 중부 그리고 중국, 극동러시아에 분포한다.

두줄나비

Neptis rivularis (Scopoli)

날개를 편 길이는 50 내지 56밀리미터이다. 세줄나비류 가운데에서는 비교적 작은 편에 속하며 뒷날개에 흰 띠가 하나밖에 없으므로 다른 세줄나비 무리들과 쉽게 구별된다. 수컷은 암컷에 비해 다소 작고 뒷날개 윗면의 앞가장자리 부위에 약한 광택이 나는 회색의 성표가 있다. 암컷은 앞날개의 모양이 약간 둥그스름한 편이며 날개 윗면에 있는 흰색 띠의 폭이 약간 넓다. 성충은 5월 말에서 8월에 걸쳐 연 1회 출현하는데 7월경에 가장 많이 볼 수 있다.

양지바른 숲 가장자리나 낮은 산지의 풀밭 등에서 살며 천천히 활강하듯이 날아다닌다. 주로 애벌레의 먹이식물인 조팝나무의 꽃에서 꿀을 빨고 그 주변을 선회하며 다른 곳으로 멀리 벗어나지 않는다. 때때로 습지와 동물의 배설물에도 모인다. 암컷은 조팝나무의 잎에 알을 낳으며, 부화한 애벌레는 자라다가 3령 애벌레로 월동한다.

우리나라의 북부와 중부, 남부 그리고 일본, 중국, 만주, 몽고, 러시아, 유럽에 분포한다.

북방거꾸로여덟팔나비
Araschnia levana (Linnaeus)

날개를 편 길이는 35 내지 45밀리미터이다. 거꾸로여덟팔나비와 비슷하나 약간 크기가 작고 날개 아랫면의 바탕색이 조금 어두운 편이다. 앞날개의 윗면 제2실에 흰 무늬가 있으며, 뒷날개의 아랫면 가운데를 가로지르는 흰 무늬는 더 굵고, 제4맥의 끝이 강하게 돌출되어 있는 점이 다르다. 또한 앞날개 중실 밖의 띠와 중앙에서 날개 후연(後緣)에 이르는 띠가 이 종에서는 서로 평행을 이루나 거꾸로여덟팔나비에서는 평행이 아니다. 성충은 봄형이 5월에서 6월, 여름형이 7월에서 8월에 걸쳐 연 2회 출현한다. 봄형의 수컷은 날개 윗면에 검은색 무늬가 발달하여 있으며 전체적으로 주홍빛을 띤다. 여름형의 수컷은 날개 윗면에 있는 흰색 띠의 폭이 좁고 전체적으로 흑갈색을 띤다.

산간의 계곡 부근에 많으며 주로 쉬땅나무, 등골나무, 개망초, 큰까치수영 등의 꽃에서 꿀을 즐겨 빤다. 수컷은 산꼭대기에서 심하게 세력권을 형성하고 있으며, 거꾸로여덟팔나비에 비해 비교적 고산지대에서 산다. 애벌레의 먹이식물은 확실히 밝혀지지 않았으며 번데기 상태로 월동한다.

우리나라의 북부와 중부 그리고 일본, 중국, 만주, 아무르, 우수리, 사할린, 시베리아, 유럽에 분포한다.

거꾸로여덟팔나비

Araschnia burejana Bremer

날개를 편 길이는 37 내지 50밀리미터이다. 성충의 봄형은 5월에서 6월, 여름형은 7월
에서 8월에 걸쳐 연 2회 출현하는데 봄형과 여름형은 색깔과 크기에서 많은 차이가 난
다. 봄형은 여름형에 비해 크기가 약간 작으며 날개 윗면에 흑갈색과 주황색 얼룩무늬
가 퍼져 있고 앞날개 밑 부분에 Y자형의 오렌지색 무늬가 선명하다. 앞뒤 날개의 중앙
에는 옅은 노란색 줄무늬가 비스듬히 가로지르고 있는데, 이 줄무늬를 거꾸로 보면 여
덟 팔(八)자처럼 보이기 때문에 거꾸로여덟팔나비라는 이름이 붙여졌다. 날개의 아랫
면은 진한 밤색으로 거미줄 모양의 줄무늬가 불규칙하게 퍼져 있다. 앞뒤 날개의 중앙
에는 윗면과 같이 노란색 줄무늬가 있다. 여름형은 봄형과 달리 날개의 윗면이 검은 바
탕이며 암컷은 수컷보다 흰 줄무늬가 더 넓다.

성충은 낮은 산지의 계곡이나 활엽수 주변을 활발히 날아다니며 풀이나 꽃에서 자주 머
문다. 쉬땅나무, 마타리, 고추나무, 얇은잎고광나무 등의 꽃에서 꿀을 즐겨 빨며 습지
에도 잘 모인다. 암컷은 애벌레의 먹이식물인 좀깨잎나무, 흑쐐기풀, 거북꼬리 등의 잎
뒷면에 알을 세로로 겹쳐서 낳는다. 여름형의 암컷이 산란한 알은 부화하여 애벌레가
된 뒤 먹이식물을 먹고 자라다가 번데기로 탈피하여 월동한다. 따라서 번데기의 기간이
6, 7개월 정도 지속된다.

우리나라의 북부와 중부, 남부 그리고 일본, 중국, 아무르, 사할린, 시베리아에 분포
한다.

네발나비(남방씨-알붐나비)
Polygonia c-aureum (Linnaeus)

날개를 편 길이는 50 내지 60밀리미터이다. 날개의 바깥가장자리에는 깊은 굴곡들이 패어 여러 각을 이루고 있다. 곧 속명인 폴리고니아(*Polygonia*)는 다각형이란 뜻으로 이 나비의 형태를 잘 표현하고 있다. 뒷날개의 아랫면 중앙에는 흰색으로 C자 무늬가 있는데 과거에 널리 통용되던 남방씨-알붐나비라는 이름도 여기에서 유래되었다. 성충은 연중 나타나는데 중부 지방에서는 2, 3회, 남부 지방에서는 3, 4회 발생한다. 여름형은 날개의 윗면이 황갈색 바탕에 검은 점무늬가 있으며 아랫면은 연한 황갈색 바탕에 갈색의 가는 줄무늬가 있으나, 가을형은 날개의 윗면에 붉은색이 돌고 아랫면은 짙은 적갈색을 띤다. 성충으로 겨울을 지내고 봄에 나타난 개체들은 날개의 아랫면이 회갈색을 띠고 있다.

들판의 평지나 하천 가에서 많이 볼 수 있으며 나무딸기, 노린재나무, 파, 오이풀, 구절초, 산국 등의 꽃에서 꿀을 즐겨 빤다. 나무진이나 동물의 배설물, 습지에 모여 즙을 빨기도 한다. 암컷은 애벌레의 먹이식물인 환삼덩굴, 호프, 삼 등의 잎에 알을 낳는다. 우리나라의 북부와 중부, 남부, 제주도, 울릉도 그리고 일본, 중국, 타이완, 아무르, 인도차이나 반도에 분포한다.

산네발나비 (씨-알붐나비)
Polygonia c-album (Linnaeus)

날개를 편 길이는 45 내지 60밀리미터이다. 네발나비와 비슷하나 날개의 바깥가장자리에 굴곡이 더 심하고 돌출부의 끝이 약간 둥그스름하다. 또한 네발나비는 앞날개 윗면의 제1b실과 뒷날개 외연을 따라 검정 무늬에 푸른 비늘가루가 있으나 이 종에는 없다. 뒷날개 아랫면의 C자 무늬는 네발나비에 비해 그 윤곽이 뚜렷하고 약간 크다. 성충은 여름형이 6월에서 7월, 가을형이 8월에서 이듬해 5월에 걸쳐 연 2, 3회 출현하며, 7월 말에서 8월 초순까지는 여름형과 가을형을 함께 볼 수 있다. 가을형은 날개 바깥가장자리의 굴곡이 여름형보다 심하고 윗면의 바탕색이 암수 모두 여름형 수컷보다 짙은 적갈색이다. 날개 윗면의 외연에 따르는 띠는 여름형은 검정색이나 가을형은 적갈색으로 변한다.

네발나비보다는 산지성으로 계곡 주변의 잡목림에서 많이 살며 큰까치수영, 구절초, 쥐손이풀 등의 꽃에서 꿀을 즐겨 빤다. 나무의 수액이나 썩은 과일, 짐승의 배설물 등에도 잘 모이며 수컷은 물가에서 물을 빠는 일도 많다. 네발나비와는 달리 애벌레의 먹이 식물이 목본류(木本類)이므로 암컷은 느릅나무의 잎에 알을 낳는다. 가을형의 성충이 마른 풀의 줄기 틈 속에서 월동하다가 이듬해 봄에 다시 나타나 활동한다.

우리나라의 북부와 중부, 남부에 분포한다.

청띠신선나비
Kaniska canace (Linnaeus)

날개를 편 길이는 50 내지 65밀리미터이다. 날개의 윗면에는 검은 청색 바탕에 청색 띠가 선명하게 나 있다. 그래서 청띠신선나비라는 이름이 지어졌다. 날개의 뒷면은 물결 모양의 무늬가 촘촘히 박혀 있고 어두운 흑갈색 인편이 어울려 있어 마치 나무줄기의 색상과 비슷한 감을 준다. 따라서 이 나비가 나무의 줄기에서 날개를 접고 수액을 빨거나 쉬고 있을 때는 보호색을 띠어서 쉽게 눈에 띄지 않는다. 수컷은 암컷보다 앞날개의 바깥가장자리가 다소 들어가 보이고, 뒷가장자리모는 약간 날카로워 보인다. 성충은 6월 초에 여름형이 출현하기 시작하여 8월경에 가을형이 출현한다. 이 가을형은 그대로 월동한 뒤 이듬해 5월까지 활동한다.

잡목이 우거진 숲 속의 양지바른 곳이나 계곡 주변 등에서 살며, 날 때에는 직선으로 매우 빠르게 난다. 참나무류의 수액이나 썩은 과일, 오물 등에 잘 모이며 가끔씩 땅바닥이나 바위 위에서 일광욕을 하기도 한다. 집단을 이루지 않고 언제나 단독으로 활동하며 수컷은 세력권을 형성하기도 한다. 암컷은 애벌레의 먹이식물인 청가시덩굴, 청미래덩굴의 잎에 알을 낳는다.

우리나라의 북부와 중부, 남부, 제주도, 울릉도 그리고 일본, 중국, 타이완, 필리핀, 인도, 동아시아, 열대 지역에 분포한다.

큰멋쟁이나비
Vanessa indica (Herbst)

날개를 편 길이는 55 내지 65밀리미터이다. 앞날개는 검은색 바탕에 주황색 무늬가 돋보이며, 뒷날개는 대부분 갈색인데 바깥가장자리만 주황색에 검은색 점무늬가 한 줄 뻗어 있다. 앞날개의 아랫면은 윗면과 거의 비슷한 색상과 무늬로 되어 있으나 중실에서 앞가장자리 쪽으로 푸른빛이 도는 무늬가 있는 점이 다르다. 뒷날개의 아랫면은 어두운 편으로 많은 무늬와 색깔이 복잡하게 얽혀 있으며, 바깥가장자리의 안쪽으로는 뚜렷하지 않은 눈알 모양의 무늬가 네댓 개 있다. 성충은 봄형이 5월, 여름형이 7월, 가을형이 9월경에 각기 나타나는데 지역에 따라 다소 차이가 있어 북부 지방은 연 2회 남부 지방은 연 4회 발생하는 경우도 있다.

가을형의 세대는 성충으로 월동하여 이듬해 봄에 교미를 하고 암컷은 애벌레의 먹이식물인 쐐기풀, 거북꼬리, 느릅나무 등의 잎이나 줄기에 알을 낳는다. 갓 부화한 애벌레는 실을 토해내어 잎으로 집을 만들고 그 속에 숨어서 활동한다. 번데기가 된 다음에는 약 보름 정도 지나서 성충인 나비가 된다. 성충은 보호색이 뛰어나서 꽃이나 나뭇잎, 나무 줄기 등에 앉을 때에는 날개를 접는 버릇이 있다. 참나무류의 수액이나 국화, 엉겅퀴, 쥐손이풀, 산초나무 등 여러 꽃에 잘 모이고 썩은 과일, 오물, 습지에서 즙이나 수분을 빨기도 한다.

우리나라 전역과 일본, 중국, 인도, 필리핀, 시베리아, 오스트레일리아에 분포한다.

작은멋쟁이나비
Cynthia cardui (Linnaeus)

날개를 편 길이는 40 내지 50밀리미터이다. 큰멋쟁이나비와 비슷하나, 앞날개의 안쪽 가운데 부분과 뒷날개의 중앙에 누른빛이 도는 적색을 띤 점이 다르다. 앞날개 아랫면 의 무늬는 윗면과 거의 같고, 뒷날개의 뒷면은 회백색으로 푸른빛이 감돌고 여러 복잡 한 무늬가 퍼져 있으며 바깥쪽으로는 눈알 모양의 무늬가 네댓 개 있다. 성충은 4월에 서 10월에 걸쳐 출현하는데, 북부 지방과 산악 지대에서는 연 2회, 중부 지방에서는 연 3회 그리고 남부 지방에서는 연 4회 정도 출현한다.
초원성이어서 평지나 산지의 풀밭 주변을 매우 민첩하게 날아다닌다. 국화, 엉겅퀴, 토 끼풀, 가시여뀌, 코스모스 등의 꽃에 모여 꿀을 즐겨 빤다. 나무진이나 썩은 과일, 습 지 등에는 잘 모이지 않는다. 국내에서는 가을에 개체수가 많아지는 경향이 있으며 성 충으로 월동한다. 암컷은 애벌레의 먹이식물인 떡쑥, 사철쑥, 우엉 등의 잎에 알을 한 개씩 낳는다. 갓 부화한 애벌레는 잎을 막아서 집을 짓고 그 속에 숨어서 활동한다. 우리나라 전역에 분포하며 세계 공통종이다.

먹그림나비
Dichorragia nesimachus (Doyère)

날개를 편 길이는 64 내지 70밀리미터이다. 암컷이 수컷보다 약간 크고 날개의 폭도 더 넓다. 날개의 윗면은 푸른 기가 도는 검정색으로 마치 먹으로 그림을 그린 듯하다 하여 먹그림나비란 이름이 지어졌다. 날개의 아랫면도 윗면과 무늬가 거의 같은데 이러한 흰 무늬는 독특한 색채를 띠고 있어 쉽게 다른 종과 구별된다. 성충은 봄형이 5월 중순에서 6월 중순, 여름형이 7월 하순에서 8월 중순에 걸쳐 연 2회 출현한다.

국내에서는 주로 남부 지방의 산간 계곡 주변과 숲 속에서 살며, 민첩하게 날아다니고 날개를 접고 앉는 일이 드물다. 수컷은 참나무의 진이나 썩은 과일, 짐승의 배설물, 오물 등에도 잘 모이며 습지에서 물을 마시기도 한다. 대체로 꽃에는 잘 앉지 않으며 수컷은 오후에 계곡 주변이나 산꼭대기에서 강한 세력권을 형성하기도 한다. 암컷은 애벌레의 먹이식물인 나도밤나무의 잎에 알을 낳는다. 애벌레는 나도밤나무의 잎을 먹고 자라다가 번데기로 월동한 뒤 이듬해 5월에 성충인 나비가 된다.

우리나라의 남부와 제주도 그리고 일본, 타이완, 중국, 히말라야, 동남아시아에 분포한다.

황오색나비
Apatura metis Freyer

날개를 편 길이는 63 내지 74밀리미터이다. 수컷의 날개 윗면은 햇빛을 받으면 보랏빛 광택을 띠며, 아랫면은 밤색 계통으로 무늬는 윗면과 대체로 비슷하다. 이 종은 유전형으로 황색형과 흑색형이 있는데 정상형인 황색형에 대해 흑색형은 열성 관계에 있다. 황색형은 대체로 어두운 황색 분위기가 감돌며 날개 중앙의 띠도 황색을 띤다. 흑색형은 날개의 윗면이 짙은 흑갈색 바탕이며 중앙의 띠는 흰색을 띤다. 오색나비와 비슷하나 뒷날개 윗면의 중앙에 있는 띠의 넓이가 두 배 가까이 넓은 편이다. 성충은 6월에서 10월에 걸쳐 연 2회 출현한다.

주로 버드나무류가 있는 숲과 그 주변을 민첩하고 경쾌하게 날아다니면서 버드나무, 참나무, 벚나무류 등의 수액에 잘 모인다. 수컷은 습지나 동물의 배설물에도 즐겨 모인다. 암컷은 애벌레의 먹이식물인 버드나무, 수양버들, 갯버들, 호랑버들 등의 잎 앞면이나 가지 등에 알을 한 개씩 낳는다. 9월경 산란된 알에서 부화한 애벌레는 먹이식물의 잎을 먹고 자라다가 2 내지 4령 애벌레가 되면 먹이식물의 잎처럼 체색이 갈색으로 변하고 이어서 먹이식물의 갈라진 줄기 틈으로 이동하여 월동한다. 애벌레는 이듬해 봄에 다시 먹이식물을 먹고 자란 다음 5월경에 번데기가 된다.

우리나라의 북부와 중부, 남부 그리고 중국, 일본, 중앙아시아, 러시아, 유럽에 분포한다.

번개오색나비
Apatura iris (Linnaeus)

날개를 편 길이는 70 내지 85밀리미터이다. 오색나비와 유사하나 날개 아랫면의 무늬에 적갈색이 많으며, 뒷날개 윗면의 중앙에 있는 번갯불 모양의 흰 띠가 제4맥을 따라 뾰족하게 튀어 나와 있어 쉽게 구별된다. 날개의 아랫면은 여러 색이 뒤섞여 있으며 앞날개에는 중앙에 커다란 눈알 모양의 무늬가 있다. 암컷이 수컷에 비해 크며, 수컷의 날개 윗면은 보라색 광택이 나나 암컷은 광택이 없다. 성충은 6월에서 8월에 걸쳐 연 1회 출현한다.

주로 600미터 이상의 고지대에서 살며 참나무, 느릅나무 등의 수액에 잘 모인다. 동물의 배설물, 습지에도 모이나 꽃에는 모이지 않는다. 오후에는 활발히 날아다니며 수컷은 세력권을 강하게 나타낸다. 암컷은 애벌레의 먹이식물인 호랑버들, 버드나무 등의 잎에 알을 한 개씩 낳는다. 갓 태어난 애벌레는 실을 토해내어 잎을 접어서 집을 지은 뒤 그 속에서 활동한다. 가을이 되면 애벌레는 낙엽 색깔과 같이 갈색으로 변하여 먹이식물의 갈라진 줄기 틈이나 나무껍질 속으로 이동하여 월동한다. 이듬해 봄에 다시 나뭇잎을 먹은 애벌레는 나뭇잎이나 줄기에 매달려서 번데기가 된다.

우리나라의 북부와 중부, 지리산 그리고 중국, 만주, 아무르, 우수리, 시베리아, 유럽에 분포한다.

은판나비
Mimathyma schrenckii (Ménétriès)

날개를 편 길이는 80 내지 110밀리미터이다. 날개를 접으면 날개의 아랫면이 은빛으로 빛나서 은판나비라는 이름이 붙여졌다. 앞날개 윗면의 안쪽과 중앙 하단에 있는 무늬와 날개끝 쪽에 있는 두 개의 작은 무늬는 모두 백색이다. 앞날개는 암컷이 수컷보다 크고 암컷은 앞날개 윗면의 중앙에 주홍색 무늬가 발달하여 있다. 성충은 6월에서 8월에 걸쳐 연 1회 출현한다.

산 속의 높은 수목 위를 선회하며 날다가 습지에 내려와서 물을 먹기도 하고 썩은 과일, 나무진, 동물의 배설물 등에서 즙을 빨기도 한다. 매우 힘차고 빠르게 날며 이따금 땅 위에서 쉬기도 한다. 이들은 꽃에는 모이지 않으며 수컷의 경우 세력권을 나타내지도 않는다. 암컷은 애벌레의 먹이식물인 느릅나무, 참느릅나무, 느티나무 등의 잎 앞면에 알을 한 개씩 낳는다. 갓 태어난 애벌레는 먹이식물의 잎을 말아서 집을 짓고 그 속에서 생활을 한다. 차츰 자라서 4령 애벌레가 되면 낙엽처럼 색깔이 변하며, 먹이식물의 갈라진 줄기 틈에서 월동한다. 이듬해 봄에 새잎이 돋기 시작하면 애벌레는 이 잎을 먹고 몸의 색깔이 초록색이 된다. 다 자란 유충은 5월 중순경에 번데기가 된다.

우리나라의 북부와 중부, 남부 그리고 중국, 아무르, 우수리에 분포한다.

밤오색나비
Mimathyma nycteis (Ménétriès)

날개를 편 길이는 65 내지 75밀리미터이다. 날개의 바탕색이나 무늬는 대체로 줄나비속(*Limenitis*)의 무리와 비슷한 감이 드나 최근에는 분류학상 은판나비속으로 취급하고 있다. 날개의 윗면은 짙은 흑갈색 바탕에 흰 줄무늬와 점무늬가 나 있으며, 날개의 아랫면에도 밤색 바탕에 흰색 줄무늬가 나 있다. 수컷은 앞날개 외연의 안쪽으로 굴곡이 심하고 암컷에 비해 크기가 약간 작으나 윗날개의 색채는 한층 더 광택이 나고 짙은 편이다. 암컷은 앞날개의 외연이 직선에 가깝고 수컷에 비해 날개의 폭이 약간 넓다. 성충은 5월 하순에서 8월 초순에 걸쳐 연 1회 출현한다.
산간 계곡 주변이나 구릉지에서 살며 수컷은 참나무, 느릅나무 등의 진에 잘 모이며 퇴비나 습지에도 잘 모인다. 매우 민첩하게 날아다니며 수컷은 산꼭대기에서 세력권을 형성하기도 한다. 암컷은 애벌레의 먹이식물인 느릅나무의 잎 앞면에 알을 한 개씩 낳는다. 부화한 애벌레는 은판나비의 애벌레와 모습이 거의 비슷하다. 다만 월동할 때는 체색과 형태에서 다소 차이가 나며 3령 애벌레 상태로 먹이식물 밑의 낙엽이나 돌 밑에서 월동한다.
우리나라의 북부와 중부 그리고 중국, 아무르, 우수리에 분포한다.

유리창나비
Dilipa fenestra (Leech)

날개를 편 길이는 67 내지 73밀리미터이다. 수컷은 암컷에 비해 약간 작고 날개 윗면의 주황색 바탕과 검은색의 무늬가 뚜렷하다. 이에 비해 암컷은 붉은 자줏빛 바탕에 대체로 어두운 색채가 깔려 있어 쉽게 구별된다. 앞날개의 끝 부근에 있는 투명한 막질의 타원형 무늬에서 유리창나비라는 이름이 유래하였는데, 종명 *fenestra*는 '창이 있는'이라는 뜻이다. 성충은 4월 초순에서 5월 중순에 걸쳐 연 1회 출현하는데 일부 내륙 지방의 고산 지대에서는 6월 초순까지도 발견된다.

산지의 계곡 주변이나 숲 가장자리에서 살며 날개를 활짝 펴고 재빠르게 날아다닌다. 오전에는 주로 양지바른 길가나 모래땅에 앉아 일광욕을 하거나 물을 먹는 경우가 많다. 수컷은 오후가 되면 계곡 주변의 잡목림 가지 끝이나 잎에 앉아 세력권을 형성하는 경우가 많다. 수컷에 비해 암컷은 눈에 잘 띄지 않으며 가끔씩 물을 먹고는 잽싸게 높이 날아 숲 속으로 사라진다. 암컷은 애벌레의 먹이식물인 팽나무, 풍개나무 등의 잎 뒷면에 알을 한 개씩 낳는다. 갓 부화한 애벌레는 토해낸 실로 잎을 엮어 집을 만들고 그 속에서 생활한다. 월동은 번데기로 하며 이듬해 봄에 성충이 된다.

우리나라의 북부, 중부, 남부 그리고 중국, 티베트에 분포한다.

대왕나비
Sephisa princeps (Fixsen)

날개를 편 길이는 69 내지 96밀리미터이다. 암컷과 수컷의 색상이 크게 다른데, 수컷은 크기가 작고 날개는 주황색 바탕에 검은색의 줄무늬가 있으나 암컷은 흰색 바탕에 은근히 푸른빛이 돌며 검은색 줄무늬가 있다. 성충은 6월 하순에서 8월에 걸쳐 연 1회 출현한다.

참나무가 많은 양지바른 잡목림에서 살며 민첩하게 날아다닌다. 수컷은 나무의 수액이나 습지에 잘 모이며 이따금 산꼭대기나 능선 위에서 세력권을 형성하기도 한다. 암컷은 활동성이 약하여 때때로 참나무의 진에서 발견되며 그 수도 대단히 적은 편이다. 애벌레의 먹이식물인 신갈나무, 굴참나무, 상수리나무 등의 잎에 알을 낳는다. 부화한 애벌레는 잎을 말아서 집을 짓고 그 속에서 활동을 한다. 겨울도 이렇듯 말린 나뭇잎 안에서 애벌레 상태로 지내게 된다. 이듬해 봄에 다시 먹이를 먹고 더 자란 애벌레는 6월 중순경에 번데기가 된다.

우리나라의 북부와 중부, 남부 그리고 중국, 연해주, 인도에 분포한다.

물결나비
Ypthima motschulskyi (Bremer et Grey)

날개를 편 길이는 40 내지 45밀리미터이다. 날개의 윗면은 검은 밤색으로 앞뒤 날개에
뱀눈 무늬가 한 개씩 있고 그 둘레를 황색 테두리가 둘러싸고 있다 앞날개의 눈 무늬
안에는 청백색의 점이 조그맣게 두 개 찍혀 있으나 뒷날개에는 작은 청백색의 점이 한
개밖에 없다. 날개의 아랫면은 잔 물결이 계속 이어지고 있으며 뱀눈 무늬는 앞날개에
한 개, 뒷날개에 세 개가 나 있다. 암컷은 수컷에 비해 날개의 형태가 둥글며 바탕색이
약간 옅은 편이다. 유사종으로 석물결나비가 있는데 물결나비는 수컷에 발향린이 있으
나 석물결나비는 없으며, 석물결나비는 앞날개의 아랫면에 있는 뱀눈 무늬의 주변에 검
은 비늘가루가 더 발달하였다. 성충은 6월에서 8월에 걸쳐 연 1회 출현한다.
낮은 산지의 풀밭이나 계곡 주변의 숲 가장자리에서 산다. 애물결나비보다 약간 빠르게
날며 풀이나 땅 위에서 가끔씩 일광욕도 한다. 이따금 꽃에서 꿀을 빨거나 썩은 과일,
습지 등에서 수분도 빤다. 암컷은 애벌레의 먹이식물인 참바랭이, 주름조개풀 등의 잎
뒷면에 알을 낳는다. 애벌레로 월동하며 5월 하순에서 6월 초순경에 번데기가 된다.
우리나라의 북부와 중부, 남부, 제주도 그리고 일본, 중국, 아무르, 우수리, 인도, 오
스트레일리아, 아프리카 동북부에 분포한다.

애물결나비
Ypthima argus Butler

날개를 편 길이는 38 내지 42밀리미터이다. 날개의 윗면은 흑갈색 바탕에 앞날개에는
한 개의 뱀눈 무늬가 있고 그 주위는 노란 테두리가 둘러싸고 있다. 검은 눈 무늬의 중
심에는 두 개의 작은 점이 푸른빛을 내고 있다. 뒷날개의 윗면에는 두세 개의 뱀눈 무
늬가 있는데, 위에 있는 두 개가 더 크며 맨 아래에 있는 한 개는 개체에 따라 없는 것
도 있다. 날개의 아랫면은 전체적으로 흑갈색을 띠며 회백색의 잔 물결무늬가 촘촘히
배어 있다. 뱀눈 무늬는 앞날개에 한 개, 뒷날개에 대여섯 개가 나 있다. 암컷은 수컷
에 비해 날개 모양이 약간 둥그스름하고 날개 윗면의 바탕색이 다소 연하다. 물결나비
에 비해 크기가 조금 작아서 애물결나비란 이름이 붙여졌다. 성충은 봄형이 5월에서 6
월, 여름형이 7월에서 8월에 걸쳐 연 2회 출현한다. 특이하게 여름형이 봄형보다 크기
가 약간 작은 편이다.
잡목이 우거진 산기슭에 살며 풀밭 사이를 톡톡 튀듯이 경쾌하게 날아다닌다. 주로 오
후에 산초나무 등의 꽃에서 꿀을 즐겨 빤다. 암컷은 애벌레의 먹이식물인 잔디, 방동사
니, 주름조개풀 등의 잎이나 줄기에 알을 한 개씩 낳는다. 애벌레의 상태로 월동한다.
우리나라의 북부와 중부, 남부, 제주도 그리고 일본, 중국, 대만, 우수리, 만주에 분포
한다.

산지옥나비
Erebia neriene (Böber)

날개를 편 길이는 37 내지 45밀리미터이다. 날개의 윗면은 다갈색 바탕인데 암컷에 비해 수컷의 색깔이 다소 짙은 편이다. 앞날개에는 중횡대(中橫帶) 부위에 노란색의 넓은 띠무늬가 나 있는데 그 안에는 세 개의 검은색 점무늬가 나 있으나 앞가장자리모쪽에 있는 두 개의 점무늬는 합쳐져 있어 실은 두 개로 보인다. 앞날개의 무늬보다는 다소 폭이 좁고 흐릿한 편이지만 뒷날개에도 노란색 띠무늬가 있으며 그 안에는 네 개에서 다섯 개의 작은 점무늬가 나 있다. 높은산지옥나비와 비슷한 편이지만 크기가 작고 노란 띠무늬의 발달 정도, 검은색 점무늬의 수와 크기 등에서 차이가 난다. 성충은 6월 중순에서 8월 초순에 걸쳐 출현한다. 국내에서는 개마고원, 백두산 등지와 같이 고산지대에서 출현하는 나비이다.
우리나라의 북부와 알타이, 만주, 아무르, 캄차카, 일본에 분포한다.

도시처녀나비

Coenonympha hero (Linnaeus)

날개를 편 길이는 35 내지 40밀리미터이다. 날개의 윗면은 짙은 갈색 바탕에 다섯 개 안팎의 뱀눈 무늬가 있다. 날개의 아랫면은 윗면보다 옅은 밤색이며, 양쪽 날개를 통틀 어 열 개 안팎의 검은색 뱀눈 무늬가 있다. 이 뱀눈 무늬는 자주색 테두리가 감싸고 있 으며 그 중심에는 흰 점이 선명하게 찍혀 있다. 암컷은 수컷에 비해 다소 크고 바탕색 이 연하며, 날개 아랫면에 있는 흰색 띠의 폭이 일반적으로 더 넓다. 성충은 5월에서 8 월에 걸쳐 연 1회 출현한다.

양지바른 풀밭에서 천천히 나는데, 보통 날개를 접고 앉으나 오전에는 날개를 반쯤 펴 고 일광욕을 하기도 한다. 엉겅퀴, 나무딸기, 개망초 등의 꽃에서 꿀을 즐겨 빤다. 암 컷은 애벌레의 먹이식물인 그늘사초, 실청사초 등의 잎에 알을 낳는다. 애벌레 상태로 월동하며 이듬해 봄에 번데기가 된다.

우리나라의 북부와 중부, 남부, 제주도 그리고 일본, 아무르, 사할린, 유럽, 우랄산맥, 스칸디나비아 반도에 분포한다.

굴뚝나비
Minois dryas (Scopoli)

날개를 편 길이는 50 내지 65밀리미터이다. 암컷은 수컷에 비해 크고 날개 윗면의 바탕
색도 좀더 옅으며 뱀눈 무늬도 더 뚜렷하다. 날개의 아랫면은 윗면보다 옅은 갈색이며
뒷날개 아랫면의 바깥가장자리 가까이에 흑갈색 띠가 나 있고 그 안쪽으로는 약간 넓은
회백색의 띠가 퍼져 있다. 날개의 빛깔이 전체적으로 굴뚝 속처럼 시꺼멓다 하여 굴뚝
나비란 이름이 붙여졌다. 성충은 6월 하순에서 9월 중순에 걸쳐 연 1회 출현한다.
양지바른 산기슭이나 낮은 풀밭 주위를 날면서 엉겅퀴, 쉬땅나무, 마타리, 꿀풀 등의
꽃에서 꿀을 즐겨 빤다. 수액이나 썩은 과일, 동물의 배설물, 습지 등에도 모인다. 대
단히 부지런하여 쉴새없이 날아다닌다. 암컷은 풀숲으로 들어가서 땅 위에 그대로 알을
떨어뜨리는 특이한 산란 습성을 가지고 있다. 애벌레는 참억새, 새포아풀 등의 벼과식
물을 먹고 자란다. 이 애벌레의 상태로 월동한다.
우리나라 전역과 일본, 중국, 만주, 아무르, 우수리, 중앙아시아, 유럽에 분포한다.

♀

조흰뱀눈나비
Melanargia epimede (Staudinger)

날개를 편 길이는 55 내지 65밀리미터이다. 흰뱀눈나비와 유사종인데, 이름 앞의 '조'자는 곤충학자인 조복성 박사의 업적을 기리기 위해 붙여졌다. 앞날개의 바탕은 흰색이며 날개끝과 그 주변, 시맥은 검은색을 띠고 있다. 뒷날개의 바깥가장자리는 검은색이며 아랫면에는 몇 개의 뱀눈 무늬가 있다. 암컷은 수컷보다 크기가 약간 크며 날개 모양이 둥그스름하고 날개의 아랫면에 약한 노란색이 감돌고 있다. 흰뱀눈나비와 그 동안 혼동되어 왔는데 앞날개 윗면 제1b실과 제2실에 있는 외연 쪽의 흰 무늬가 가로로 길고 외연 쪽으로 갈수록 가늘어지며 끝은 흰뱀눈나비가 직선인 데 비해 곡선으로 되어 있다. 앞날개의 후연을 따라 있는 검정색 무늬가 제1a실에서 흰뱀눈나비는 경계가 선명하지 않은 데 반해 이 종은 경계가 선명한 점 등으로 구별된다. 성충은 5월에서 8월에 걸쳐 연 1회 출현하는데 남쪽 지방에서는 10월에도 볼 수 있다.
풀 위를 낮게 천천히 날면서 쥐손이풀, 곰취, 싸리, 엉겅퀴, 꼬리풀, 금방망이 등의 꽃에서 꿀을 즐겨 빤다. 애벌레는 참억새와 같은 벼과식물을 먹으며 그 상태로 월동한다. 우리나라의 북부와 중부, 남부, 제주도 그리고 중국, 만주, 아무르에 분포한다.

부처나비
Mycalesis gotama Moore

날개를 편 길이는 42 내지 55밀리미터이다. 암컷은 수컷보다 바탕색이 다소 연하며, 수컷은 뒷날개 앞가장자리 부근에 성표인 회갈색의 긴 털다발이 있다. 부처사촌나비와 유사하나 날개의 바탕색인 흑자색이 좀 엷고 날개 아랫면에 있는 띠 무늬는 황백색이며 뱀눈 무늬의 변이가 더 심하다. 종명 *gotama*는 '부처'의 뜻으로, 여기에서 그 이름이 유래하였다. 성충은 5월에서 9월에 걸쳐 연 2회 출현한다.

숲 주변의 그늘진 곳에서 주로 활동하며 천천히 톡톡 뛰듯이 난다. 나뭇잎에 앉을 때에는 날개를 접는 경우가 많으며 햇빛이 강할 때에는 날개를 반쯤 펴기도 한다. 참나무의 진이나 썩은 과일에 잘 모이며 꽃에는 모이지 않는다. 암컷은 애벌레의 먹이식물인 벼, 억새, 주름조개풀 등의 잎 뒷면에 알을 한 개씩 낳는다. 애벌레의 상태로 월동한다.

우리나라의 북부와 중부, 남부 그리고 일본, 중국, 타이완, 인도, 아삼에 분포한다.

부처사촌나비
Mycalesis francisca (Cramer)

날개를 편 길이는 40 내지 50밀리미터이다. 암컷은 수컷에 비해 날개의 폭이 넓고 형태가 둥그스름하며 바탕색이 다소 옅은 편이다. 수컷은 앞날개의 윗면 뒷가장자리 부위의 제1b맥 위에 긴 털다발의 성표가 있고, 뒷날개의 윗면 기부에도 흰 털다발이 돋아 있다. 부처나비와 유사하나 날개 아랫면의 바탕색이 짙고 보라색을 띠며 앞뒤 날개의 아랫면 중앙에 있는 흰 띠가 다소 보라색을 띠므로 쉽게 구별된다. 성충은 5월에서 9월에 걸쳐 연 2회 출현한다.

주로 숲 속의 빈터나 풀밭에서 흔히 볼 수 있는데 톡톡 튀듯이 난다. 양지바른 곳보다 그늘진 곳을 좋아하여 저녁 무렵이나 흐린 날에 활발히 활동한다. 앉을 때에는 날개를 접는 경우가 많으며 오전에는 날개를 펴고 일광욕을 하기도 한다. 물가나 썩은 과일에 잘 모이며 꽃에는 모이지 않는다. 암컷은 애벌레의 먹이식물인 벼, 억새, 주름조개풀, 실새풀 등의 잎 뒷면에 알을 한 개씩 낳는다. 애벌레 상태로 월동한다.

우리나라의 북부, 중부, 남부, 제주도 그리고 일본, 만주, 중국, 타이완, 인도, 미얀마, 네팔, 히말라야에 분포한다.

팔랑나비과

흰점팔랑나비아과 왕팔랑나비, 왕자팔랑나비, 멧팔랑나비

팔랑나비아과 수풀알락팔랑나비, 참알락팔랑나비, 돈무늬팔랑나비,

지리산팔랑나비, 유리창떠들썩팔랑나비, 수풀떠들썩팔랑나비,

황알락팔랑나비, 줄점팔랑나비

왕팔랑나비
Lobocla bifasciata (Bremer et Grey)

날개를 편 길이는 40 내지 45밀리미터이다. 날개는 양면이 모두 짙은 흑갈색 바탕이며 앞날개의 중앙에는 반투명한 흰색의 띠무늬가 있다. 또한 이 무늬의 바깥쪽에도 역시 반투명한 작은 흰색 점무늬가 있다. 암컷은 수컷보다 크며 날개 윗면의 바탕색이 약간 연하고 흰 무늬도 다소 크다. 수컷은 앞날개 전연부(前緣部)의 접혀 있는 안쪽 부분이 황갈색이다. 성충은 5월에서 7월에 걸쳐 연 1회 출현한다.

숲 주변의 양지바른 풀밭에서 활발하게 날아다니며 고삼, 꿀풀, 개망초, 엉겅퀴, 기린초, 아까시나무, 넓은잎갈퀴 등의 꽃에서 꿀을 즐겨 빤다. 수컷은 원을 그리듯 행동 반경이 넓게 날며, 암컷은 숲의 그늘 사이를 비교적 천천히 난다. 암컷은 애벌레의 먹이식물인 칡, 아까시나무, 풀싸리 등 콩과식물의 잎 뒷면에 알을 한 개씩 낳는다. 애벌레의 상태로 월동한다.

우리나라의 북부와 중부, 남부, 제주도 그리고 중국, 타이완, 만주, 아무르에 분포한다.

왕자팔랑나비
Daimio tethys (Ménétriès)

날개를 편 길이는 33 내지 36밀리미터이다. 날개의 윗면은 검은색을 띠고 있는데, 앞날개의 가장자리와 중앙부에는 크고 작은 흰 점무늬들이 있다. 뒷날개의 중앙에도 흰 얼룩무늬가 있으나 개체에 따라 변이가 심하며, 대체로 수컷에 비해 암컷이 발달되어 있다. 날개 아랫면의 바탕색은 윗면보다 좀 연한 편이고 흰 점무늬는 같은 위치에 있다. 암컷은 수컷에 비해 다소 크며, 앞날개의 흰 무늬와 뒷날개의 흰 무늬 띠가 약간 크다. 특히 제주도의 한라산에서 사는 개체들은 뒷날개 중앙부의 흰 얼룩무늬가 유난히 크고 뚜렷하여 다른 아종으로 취급하고 있다. 성충은 5월에서 9월에 걸쳐 연 2회 출현한다. 낮은 산지의 숲 가장자리에서 살며 매우 민첩하게 날아다닌다. 엉겅퀴, 개망초 등의 꽃에서 꿀을 즐겨 빨며, 풀잎이나 나뭇잎 위에서 날개를 펴고 일광욕도 자주 한다. 수컷은 저녁 무렵에 강하게 세력권을 형성하기도 한다. 암컷은 애벌레의 먹이식물인 마, 참마, 단풍마, 국화마 등 마과식물의 잎 앞면에 알을 한 개씩 낳는다. 이 때 알을 한 개씩 낳고는 알 위에 복부의 털을 덮어씌우는 특이한 행동을 한다. 부화한 애벌레는 먹이식물의 잎을 접어서 둥지를 만들고 그 속에서 지내다가 애벌레로 월동한다.
우리나라의 북부와 중부, 남부, 제주도 그리고 일본, 중국, 타이완, 아무르, 미얀마에 분포한다.

멧팔랑나비
Erynnis montanus (Bremer)

날개를 편 길이는 36 내지 42밀리미터이다. 날개의 윗면은 짙은 적갈색 바탕에 앞날개에는 바깥가장자리를 따라서 잿빛의 점무늬가 있고, 그 안쪽으로는 잿빛의 물결무늬가 있다. 뒷날개는 앞날개보다 더 짙은 흑갈색 바탕에 바깥쪽으로 작은 노란색 점무늬가 많이 나 있다. 날개의 아랫면은 윗면과 별 차이가 없으나 앞날개의 바깥가장자리 부근에 황색의 얼룩무늬가 발달하여 있다. 암컷은 수컷에 비해 앞날개의 윗면 중앙에 있는 회색 띠가 더 넓고 뚜렷하다. 성충은 이른봄에 일찍 출현하며 5월 중순까지 연 1회 출현한다.

산이나 들의 낙엽성 잡목림이 우거진 숲에서 쉽게 볼 수 있으며 땅이나 나뭇가지, 풀 등에 앉을 때는 날개를 수평으로 펴는 습성이 있다. 엉겅퀴, 진달래, 복숭아, 민들레, 줄딸기, 제비꽃, 고추나무 등의 꽃에서 꿀을 즐겨 빤다. 수컷은 이따금 습지에도 모이며 암컷은 상수리나무, 떡갈나무 등의 어린 잎에 알을 한 개씩 낳는다. 부화한 애벌레는 잎을 갉아 낸 다음 적당한 모양으로 접어서 집을 만들고 그 속에서 생활한다. 자라면서 계속 새로운 집을 몇 차례 더 만드는데 다 자란 뒤에는 나무 밑으로 내려와 낙엽을 얽어서 집을 만들고 그 속에서 월동한다. 이듬해 봄에는 먹이를 먹지 않고 곧바로 번데기가 된 뒤 4월 초에 성충으로 우화한다.

우리나라의 북부와 중부, 남부, 제주도 그리고 일본, 중국, 아무르, 우수리에 분포한다.

수풀알락팔랑나비

Carterocephalus silvicola (Meigen)

날개를 편 길이는 26 내지 30밀리미터이다. 수컷은 앞날개의 윗면이 광택이 나는 노란색으로 중앙에 검은 점무늬가 있다. 앞뒤 날개 모두 테두리의 연모(綠毛)는 검정색으로 되어 있다. 암컷은 앞날개의 윗면이 외연을 따라 넓은 검정색 띠가 발달하였으며 중앙의 검정색 점무늬도 크게 이어져 있다. 성충은 5월에서 6월에 걸쳐 연 1회 출현한다. 해발 1,000미터 이상의 높은 산지에서 살며 양지바른 풀밭 위를 낮게 날아다닌다. 주로 맑은 날에 활동하며 엉겅퀴, 토끼풀 등의 꽃에서 꿀을 즐겨 빤다. 낮에는 풀잎 위에서 일광욕을 할 때가 많으며, 암컷에 비해 수컷의 활동이 눈에 많이 띈다. 암컷은 애벌레의 먹이식물인 기름새의 잎 뒷면에 알을 한 개씩 낳는다. 부화한 애벌레는 잎을 세로로 둥글게 구부려서 집을 만들고 그 속에서 생활한다. 애벌레로 월동하며 이듬해 봄에 번데기가 된다.

우리나라의 북부와 중부, 지리산 이북 그리고 일본, 중국, 아무르, 우수리, 사할린, 시베리아, 유럽에 분포한다.

참알락팔랑나비
Carterocephalus dieckmanni (Graeser)

날개를 편 길이는 28 내지 32밀리미터이다. 날개의 윗면은 흑갈색 바탕에 흰색의 작은 점무늬가 나 있고, 날개의 아랫면은 옅은 황갈색 바탕에 커다란 은백색의 점무늬가 불규칙하게 나 있다. 암컷은 수컷에 비해 약간 크며 배도 통통한 편이다. 성충은 5월에서 6월에 걸쳐 연 1회 출현한다.

산지성으로 우리나라에서는 지리산 이북 지역에만 분포한다. 비교적 높은 산의 양지바른 풀밭에서 살며 흔히 있는 종이다. 개망초, 멍석딸기, 철쭉, 엉겅퀴 등의 꽃에서 꿀을 즐겨 빨며 수컷은 물가에도 모인다. 수컷은 오전 중에 이따금 날개를 펴고 일광욕을 하기도 하며 세력권을 형성하기도 한다. 암컷은 애벌레의 먹이식물인 기름새의 잎 뒷면에 알을 한 개씩 낳는다. 부화한 애벌레는 잎을 접어서 집을 만들고 그 속에서 생활한다. 애벌레의 상태로 월동하며 이듬해 봄에 번데기가 된다.

우리나라의 북부와 중부, 지리산 이북 그리고 중국, 아무르, 우수리에 분포한다.

돈무늬팔랑나비
Heteropterus morpheus (Pallas)

날개를 편 길이는 35 내지 38밀리미터이다. 날개의 윗면은 앞뒤 날개 모두 흑갈색 바탕
인데 앞날개의 끝 부근에는 미색의 잔 무늬가 몇 개 있다. 앞날개의 아랫면도 바탕색은
윗면과 거의 비슷하나 약간 흐리고 무늬는 대체로 같다. 뒷날개의 아랫면은 무늬가 독
특하여 노란색 바탕 위에 둥글둥글한 흰 점무늬가 여러 개 나 있다. 이 무늬들이 동전
을 연상시켜 돈무늬팔랑나비란 이름이 붙여졌다. 암컷이 수컷보다 약간 크며, 날개의
빛깔도 다소 연한 편이다. 성충은 5월에서 8월에 걸쳐 연 2회 출현한다.
야산의 풀밭이나 계곡 주변에 있으며 자주 풀줄기에 앉아서 쉰다. 토끼풀, 엉겅퀴, 개
망초, 조뱅이 등의 꽃에서 꿀을 즐겨 빨며 햇빛이 강하면 날개를 펴고 일광욕을 하기
도 한다. 암컷은 애벌레의 먹이식물인 기름새의 잎 뒷면에 알을 한 개씩 낳는다. 애벌
레로 월동한 뒤 이듬해 봄에 번데기가 된다.
우리나라의 북부와 중부, 남부 그리고 중국, 아무르, 러시아, 유럽에 분포한다.

지리산팔랑나비
Isoteinon lamprospilus C. et R. Felder

날개를 편 길이는 32 내지 37밀리미터이다. 날개의 윗면은 앞뒤 날개 모두 짙은 흑갈색 바탕이며 앞날개에는 중앙에 흰색의 점무늬가 대여섯 개 나 있다. 날개의 아랫면은 노란빛이 도는 옅은 갈색 바탕에 앞날개에는 윗면과 같은 위치에 흰색 점무늬가 있고 뒷날개에는 그보다 약간 작은 흰색 점무늬가 원을 그리듯 열을 지어 나 있다. 암컷은 수컷보다 크고 날개 윗면의 바탕색이 다소 연하며 흰 무늬가 약간 크다. 성충은 7월에서 8월에 걸쳐 연 1회 출현한다.

숲의 가장자리나 계곡 주변에서 살며 개체수가 많지 않다. 엉겅퀴, 큰까치수영, 오이풀, 개망초 등의 꽃에서 꿀을 즐겨 빨며, 수컷은 물가에서 물을 먹기도 한다. 앉을 때에는 날개를 뒤로 접는 경우가 많은데 수컷은 가끔 날개를 반쯤 펴고 세력권을 형성하기도 한다.

우리나라의 중부와 남부 그리고 일본, 중국, 타이완, 베트남에 분포한다. 우리나라에서는 설악산이 북방 한계선이며 부속 도서에서는 아직 발견된 기록이 없다.

유리창떠들썩팔랑나비

Ochlodes subhyalina (Bremer et Grey)

날개를 편 길이는 37 내지 40밀리미터이다. 수컷은 앞날개의 중실 밑에 검은색의 띠무 늬로 된 성표가 있다. 암컷은 수컷에 비해 약간 크며 날개에 있는 점무늬도 다소 크다. 앞날개의 중실 바깥쪽에 반투명한 점무늬가 있고 양지바른 풀밭에서 떠들썩하게 난다 하여 이름이 붙여졌다. 성충은 6월에서 8월에 걸쳐 연 1회 출현하는데, 중부 지방에서 는 6월 말경에 최성기를 이룬다.

풀밭에서 낮게 날아다니며 고삼, 갈퀴나물, 타래난초, 개망초, 엉겅퀴 등의 꽃에서 꿀 을 즐겨 빤다. 수컷은 물가나 동물의 배설물에도 잘 모이며, 오후 늦게는 여러 마리가 몰려다니며 세력권을 형성하기도 한다. 애벌레는 기름새의 잎을 먹으며 애벌레의 상태 로 월동한다.

우리나라의 북부와 중부, 남부, 제주도 그리고 일본, 중국, 타이완, 몽고, 미얀마, 시 킴, 아삼에 분포한다.

수풀떠들썩팔랑나비
Ochlodes venatus (Bremer et Grey)

날개를 편 길이는 28 내지 36밀리미터이다. 날개의 윗면은 귤빛 바탕에 수컷은 앞날개의 중실 아래로 선 모양의 검은색 성표가 있다. 날개의 아랫면은 윗면보다 색상은 엷으나 무늬는 대체로 비슷하다. 암컷은 수컷에 비해 바탕색이 짙은 갈색이며 앞뒤 날개에는 담황색의 얼룩무늬가 여러 개 있다. 수컷은 암컷에 비해 크기가 작으며 고산지대로 올라갈수록 평지보다 크기가 작아지는 경향이 있다. 성충은 6월에서 8월에 걸쳐 연 1회 출현한다.

양지바른 풀밭이나 수풀 사이를 민첩하게 날아다니는데 수풀을 떠들썩하게 한다 하여 붙여진 이름이다. 엉겅퀴, 큰까치수영, 갈퀴나물, 꿀풀, 꽃창포 등의 꽃에서 꿀을 즐겨 빤다. 수컷은 습지나 동물의 배설물에도 잘 모인다. 암컷은 애벌레의 먹이식물인 기름새, 참억새, 강아지풀, 그늘사초, 대사초, 왕바랭이 등 벼과식물의 잎 뒷면에 알을 낳는다. 애벌레는 잎을 말아서 집을 만든 뒤 그 속에서 생활한다. 애벌레로 월동한다.

우리나라의 북부와 중부, 남부 그리고 일본, 중국, 아무르, 우수리, 사할린, 러시아, 중앙아시아, 유럽에 분포한다.

황알락팔랑나비
Potanthus flavus (Murray)

날개를 편 길이는 28 내지 35밀리미터이다. 암수의 무늬는 거의 같으나 암컷이 수컷에
비해 날개 윗면의 바탕색이 다소 연하고, 날개 폭이 넓으며 날개가 약간 둥그스름하게
보인다. 앞날개의 윗면은 밝은 오렌지색과 검정색이 어우러져 있으며 테두리는 검정색
을 띠고 있다. 뒷날개의 아랫면에는 오렌지색 반점이 퍼져 있으며, 그 주위로 희미하게
보이는 검은 점들이 불규칙하게 에워싸고 있다. 성충은 6월에서 7월에 걸쳐 연 1회 출
현한다.
숲이 우거진 산기슭이나 산길 주변의 풀밭에서 살며 날쌔게 날아다닌다. 무리를 짓지
않고 단독으로 활동하며 개망초, 큰까치수영, 갈퀴나물 등의 꽃에서 꿀을 즐겨 빤다.
습지의 오물에도 잘 모이며, 수컷은 날개를 반쯤 펴고 나뭇잎 위에 앉아 세력권을 형성
하기도 한다. 애벌레는 강아지풀, 참억새 등의 잎을 먹으며 애벌레의 상태로 월동한다.
우리나라의 북부와 중부, 남부, 제주도 그리고 일본, 중국, 아무르, 필리핀, 미얀마,
말레이시아, 인도에 분포한다.

줄점팔랑나비
Parnara guttata (Bremer et Grey)

날개를 편 길이는 34 내지 40밀리미터이다. 날개의 윗면은 흑갈색을 띠고 있고 작은 흰 점무늬가 일곱 개에서 여덟 개 정도 나 있다. 뒷날개의 안쪽에는 중앙을 가로질러 네 개의 작은 흰 점무늬가 일렬로 나란히 붙어 있다. 날개의 아랫면은 윗면에 비해 색상이 옅으며 황색 인편이 덮여 있다. 암컷은 수컷보다 날개 폭이 약간 넓으며 날개의 흰 점 무늬도 크다. 성충은 5월에서 10월에 걸쳐 연 2, 3회 출현한다.

산이나 들판의 풀밭 위를 활발히 날며 개체수도 많다. 엉겅퀴, 고마리, 국화, 메밀 등의 꽃에서 꿀을 즐겨 빨며, 썩은 과일이나 오물 등에도 모인다. 애벌레는 벼, 갈풀, 참 억새, 띠, 강아지풀 등 벼과식물의 잎을 먹고 자라며 애벌레의 상태로 월동한다.

우리나라의 북부와 중부, 남부, 제주도, 울릉도 그리고 일본, 중국, 타이완, 인도, 방 글라데시, 아삼, 히말라야, 미얀마, 아무르, 연해주에 분포한다.

보호가 필요한 나비

　오늘날 우리 국토 전역이 산업화, 도시화의 물결 속에 휩쓸리게 되면서 자연 생태계가 크게 변질, 파괴되어 가는 실정에 놓이게 되었다. 이러한 상황에서 곤충 자원의 보존은 자연의 평형을 유지하기 위한 대단히 중요한 과제가 되었다. 한편, 국제적으로도 1992년 열린 '리우환경회의' 이후 생물 자원의 중요성에 대한 인식이 높아지고, 이의 보존을 위한 제도적인 여건을 마련하기 위하여 '생물 다양성 협약'이 채택되었다. 더불어 '멸종 위기에 처한 야생 동식물의 국제 거래에 관한 협약(CITES)'의 이행을 강화하는 추세이므로, 앞으로 생물종 보호를 위한 구체적인 활동이 절실히 요청되고 있다.

　현재 국내의 곤충 자원 가운데 법적 보호를 받고 있는 곤충으로는 환경부에서 1997년에 개정된 자연환경보전법에 의해 지정 고시된 멸종위기종 5종과 보호대상종 14종이 있다. 이 가운데 나비류는 멸종위기종 2종과 보호대상종 4종이 해당된다. 여기에서는 과거 환경처(1994년)에서 지정 고시하였던 특정 야생 동식물에 포함된 15종의 나비류 목록을 함께 게재한다. 이를 참고로 하여 이들 나비류를 무분별하게 채집하지 말고 그 보호에 만전을 기해야 되겠다. 실례로 이들 나비류를 채집하였

멸종 위기 및 보호종으로 지정된 나비류

종 명	환경처(1994)	환경부(1997)
Parnassius bremeri Bremer 붉은점모시나비	멸종위기종	보호대상종
Grapium sarpedon (Linnaeus) 청띠제비나비	감소추세종	삭제
Apora crataegi (Linnaeus) 상제나비	희귀종	멸종위기종
Protantigus superans (Oberthür) 깊은산부전나비	희귀종	보호대상종
Spindasis takanonis (Matsumura) 쌍꼬리부전나비	희귀종	보호대상종
Lampides boeticus (Linnaeus) 물결부전나비	희귀종	삭제
Shijimiaeoides divinus (Fixsen) 큰홍띠점박이푸른부전나비	감소추세종	삭제
Parantica sita (Kollar) 왕나비	희귀종	삭제
Fabriciana nerippe (C. et R. Felder) 왕은점표범나비	멸종위기종	보호대상종
Aldania raddei (Bremer) 어리세줄나비	희귀종	삭제
Nymphalis antiopa (Linnaeus) 신선나비	희귀종	삭제
Dilipa fenestra (Leech) 유리창나비	희귀종	삭제
Sasakia charonda (Hewitson) 왕오색나비	희귀종	삭제
Eumenis autonoe (Esper) 산굴뚝나비	멸종위기종	멸종위기종
Satarupa nymphalis (Speyer) 대왕팔랑나비	희귀종	삭제
계	15종	6종

을 경우, 최고 5년 이하의 징역이나 3천만 원 이하의 벌금에 처하게
되어 있다. 덧붙여서 1997년도에 개정된 자연환경 보전법에 의해 법적
인 보호를 받고 있는 종에 대하여 간단히 열거한다.

붉은점모시나비

5월 중순에서 6월 중순에 걸쳐 강가나 계곡의 기린초가 많은 곳에서
서식한다. 서식 환경의 범위가 좁아서 경기도, 강원도, 충청북도, 경
상도 등지에 국부적으로 나타나고 있다. 과거에는 집단을 이루어 서식
하였으나 지나친 남획과 서식 환경의 파괴로 그 수가 점차 줄어들고
있다.

상제나비

5월 중순에서 6월 초순에 걸쳐 야산의 엉겅퀴, 조뱅이, 토끼풀 등의
꽃에 잘 모인다. 남한에서는 강원도의 영월 지역을 비롯하여 태백산맥
에 속하는 일부 지역에서 국부적으로 나타나고 있으나, 최근 몰지각한
남획으로 인하여 멸종 위기에 처해 있다.

깊은산부전나비

6월 중순에서 8월 초순에 걸쳐 산지의 잡목림에서 서식한다. 오후에
는 주로 높은 산지의 능선이나 산 정상부로 날아오르기 때문에 눈에
잘 띄지 않는다. 남한에서는 충청남도의 계룡산, 경상북도의 소백산,
강원도의 태백산맥 일부 지역에서 국부적으로 나타나고 있으나 그 수
가 대단히 적다.

쌍꼬리부전나비

6월 초순에서 7월 중순에 걸쳐 낮은 산지의 소나무 숲 주변이나 계

곡에서 서식한다. 남한에서는 경기도, 강원도, 충청도의 일부 지역에서 국부적으로 나타나고 있으나 현재 그 수가 대단히 적다. 과거 경기도 고양의 앵무봉 지역은 지나친 남획으로 전멸되었으며, 주금산 지역도 남획으로 그 수가 전멸 위기에 처해 있다.

왕은점표범나비

6월 초순에서 9월 중순에 걸쳐 양지바른 풀밭이나 숲 가장자리에서 서식한다. 엉겅퀴, 개망초, 산초나무 등의 꽃에서 꿀을 즐겨 빠는데 다른 표범나비류에 비해 그 수가 대단히 적다. 남한의 각지에 국부적으로 분포되어 있으나 점차 그 수가 감소 추세에 있다.

산굴뚝나비

7월 초순에서 8월 중순에 걸쳐 출현하는데 남한에서는 제주도 한라산의 1300미터 이상 고지대에서만 서식한다. 가락지나비와 함께 섞여서 산다. 과거에는 그 수가 많았으나 서식 환경이 제한되어 있고, 또 남획에 의해 최근에 그 수가 급격히 줄어 멸종 위기에 처해 있다.

한국산 나비 목록 일람표

종 명	분 포			비 고
	북한	남한	미접	
Family Papilionidae 호랑나비과				
1. *Luehdorfia puziloi* (Erschoff) 애호랑나비	○	○		이른봄애호랑나비
2. *Parnassius stubbendorfii* Ménétriès 모시나비	○	○		
3. *Parnassius bremeri* Bremer 붉은점모시나비	○	○		
4. *Parnassius nomion* Fischer 왕붉은점모시나비	○			
5. *Parnassius eversmanni* Ménétriès 황모시나비	○			
6. *Sericinus montela* Gray 꼬리명주나비	○	○		
7. *Atrophaneura alcinous* (Klug) 사향제비나비	○	○		
8. *Papilio machaon* Linnaeus 산호랑나비	○	○		
9. *Papilio xuthus* (Linnaeus) 호랑나비	○	○		
10. *Papilio macilentus* Janson 긴꼬리제비나비	○	○		
11. *Papilio protenor* Cramer 남방제비나비		○		
12. *Papilio helenus* Linnaeus 무늬박이제비나비		○		
13. *Papilio bianor* (Cramer) 제비나비	○	○		
14. *Papilio maackii* Ménétriès 산제비나비	○	○		
15. *Graphium sarpedon* (Linnaeus) 청띠제비나비		○		
Family Pieridae 흰나비과				
1. *Leptidea amurensis* (Ménétriès) 기생나비	○	○		
2. *Leptidea morsei* (Fenton) 북방기생나비	○	○		
3. *Eurema hecabe* (Linnaeus) 남방노랑나비		○		
4. *Eurema laeta* (Boisduval) 극남노랑나비		○		

5. *Gonepteryx rhamni* (Linnaeus) 멧노랑나비				
6. *Gonepteryx aspasia* (Ménétriès) 각시멧노랑나비	○	○		
7. *Colias erate* (Esper) 노랑나비	○	○		
8. *Colias melinos* (Eversmann) 북방노랑나비	○			
9. *Colias palaeno* (Linnaeus) 높은산노랑나비	○			
10. *Colias heos* (Herbst) 연주노랑나비	○			
11. *Catopsilia pomona* (Fabricius) 연노랑흰나비			○	
12. *Anthocharis scolymus* (Butler) 갈구리나비	○	○		
13. *Aporia crataegi* (Linnaeus) 상제나비	○	○		
14. *Aporia hippia* (Bremer) 눈나비	○			
15. *Pieris rapae* (Linnaeus) 배추흰나비	○	○		
16. *Pieris canidia* (Sparrman) 대만흰나비	○	○		
17. *Pieris melete* (Ménétriès) 큰줄흰나비	○	○		
18. *Pieris napi* (Linnaeus) 줄흰나비	○	○		
19. *Pontia daplidice* (Linnaeus) 풀흰나비	○	○		
20. *Pontia chloridice* (Hübner) 북방풀흰나비	○			
Family Lycaenidae 부전나비과				
1. *Taraka hamada* (Druce) 바둑돌부전나비	○	○		
2. *Narathura japonica* (Murray) 남방남색꼬리부전나비		○		
3. *Artopoetes pryeri* (Murray) 선녀부전나비	○	○		
4. *Coreana raphaelis* (Oberthür) 붉은띠귤빛부전나비	○	○		라파엘귤빛부전나비
5. *Ussuriana michaelis* (Oberthür) 금강산귤빛부전나비	○	○		시베리아부전나비
6. *Thecla betulae* (Linnaeus) 암고운부전나비	○	○		

학명 / 국명	1	2	3	비고
7. *Thecla betulina* (Staudinger) 개마암고운부전나비	○			
8. *Shirozua jonasi* (Janson) 민무늬큰빛부전나비	○	○		
9. *Japonica lutea* (Hewitson) 귤빛부전나비	○	○		
10. *Japonica saepestriata* (Hewitson) 시가도귤빛부전나비	○	○		
11. *Wagimo signatus* (Butler) 참나무부전나비	○	○		
12. *Araragi enthea* (Janson) 긴꼬리부전나비	○	○		
13. *Antigius butleri* (Fenton) 담색긴꼬리부전나비	○	○		
14. *Antigius attilia* (Bremer) 물빛긴꼬리부전나비	○	○		
15. *Protantigius superans* (Oberthür) 깊은산부전나비	○	○		
16. *Neozephyrus japonicus* (Murray) 작은녹색부전나비	○	○		
17. *Chrysozephyrus smaragdinus* (Bremer) 암붉은점녹색부전나비	○	○		
18. *Chrysozephyrus brillantinus* (Staudinger) 북방녹색부전나비	○	○		아이노녹색부전나비
19. *Thermozephyrus ataxus* (Westwood) 남방녹색부전나비		○		
20. *Favonius saphirinus* (Staudinger) 은날개녹색부전나비	○	○		사파이어녹색부전나비
21. *Favonius yuasai* (Shirôzu) 검정녹색부전나비		○		
22. *Favonius orientalis* Murray 큰녹색부전나비	○	○		
23. *Favonius korshunovi* Dubatolov et Sergeev 깊은산녹색부전나비	○	○		
24. *Favonius ultramarinus* (Fixsen) 금강산녹색부전나비	○	○		
25. *Favonius cognatus* Staudinger 넓은띠녹색부전나비	○	○		에조녹색부전나비
26. *Favonius taxila* (Bremer) 산녹색부전나비	○	○		
27. *Rapala caerulea* (Bremer et Grey) 범부전나비	○	○		
28. *Rapala arata* (Bremer) 울릉범부전나비		○		
29. *Callophrys frivaldszkyi* (Lederer) 북방쇳빛부전나비	○	○		

30. *Callophrys ferrea* (Butler) 쇳빛부전나비	○	○		
31. *Fixsenia herzi* (Fixsen) 민꼬리까마귀부전나비	○	○		헤르츠까마귀부전나비
32. *Fixsenia w-album* (Knoch) 까마귀부전나비	○	○		더불류알붐부전나비
33. *Fixsenia eximia* (Fixsen) 참까마귀부전나비	○	○		
34. *Fixsenia prunoides* (Staudinger) 꼬마까마귀부전나비	○	○		
35. *Fixsenia pruni* (Linnaeus) 벗나무까마귀부전나비	○	○		
36. *Fixsenia spini* (Schiffermüller) 북방까마귀부전나비	○	○		
37. *Spindasis takanonis* (Matsumura) 쌍꼬리부전나비	○	○		
38. *Helleia helle* (Denis et Schiffermüller) 남주홍부전나비	○			
39. *Lycaena dispar* (Haworth) 큰주홍부전나비	○	○		
40. *Lycaena phlaeas* (Linnaeus) 작은주홍부전나비	○	○		
41. *Heodes virgaureae* (Linnaeus) 검은테주홍부전나비	○			
42. *Palaeochrysophanus hippothoe* (Linnaeus) 암먹주홍부전나비	○			
43. *Niphanda fusca* (Bremer et Grey) 담흑부전나비	○	○		담흙부전나비
44. *Lampides boeticus* (Linnaeus) 물결부전나비			○	
45. *Pseudozizeeria maha* (Kollar) 남방부전나비		○		
46. *Zizina otis* (Fabricius) 극남부전나비		○		
47. *Cupido minimus* (Fuessly) 꼬마부전나비	○			
48. *Everes argiades* (Pallas) 암먹부전나비	○	○		
49. *Tongeia fischeri* (Eversmann) 먹부전나비	○	○		
50. *Udara dilecta* (Moore) 한라푸른부전나비		○		
51. *Udara albocaerulea* (Moore) 남방푸른부전나비		○		
52. *Celastrina sugitanii* Matsumura 산푸른부전나비	○	○		

No.	Species	국명				비고
53.	*Celastrina argiolus* (Linnaeus)	푸른부전나비	○	○		
54.	*Celastrina oreas* (Leech)	회령푸른부전나비	○	○		
55.	*Celastrina filipjevi* (Riley)	주을푸른부전나비	○			
56.	*Glaucopsyche lycormas* (Butler)	귀신부전나비	○			
57.	*Scolitantides orion* (Pallas)	작은홍띠점박이푸른부전나비	○	○		
58.	*Shijimiaeoides divina* (Fixsen)	큰홍띠점박이푸른부전나비	○	○		
59.	*Plebejus argus* (Linnaeus)	산꼬마부전나비	○	○		부전나비
60.	*Lycaeides argyrognomon* (Bergsträsser)	부전나비	○	○		설악산부전나비
61.	*Lycaeides subsolanus* (Eversmann)	산부전나비	○	○		
62.	*Lycaeides mandshurica* (Staudinger)	중국부전나비	○			
63.	*Polyommatus eros* (Oberthür)	사랑부전나비	○			
64.	*Maculinea teleius* (Bergsträsser)	고운점박이푸른부전나비	○	○		
65.	*Maculinea arionides* (Staudinger)	큰점박이푸른부전나비	○	○		
66.	*Maculinea arion* (Linnaeus)	중점박이푸른부전나비	○			
67.	*Maculinea alcon* (Denis et Schiffermüller)	잔점박이푸른부전나비	○			
68.	*Maculinea kurentzovi* Sibatani, Saigusa et Hirowatari	북방점박이푸른부전나비	○	○		
69.	*Cyaniris semiargus* (Rottemburgh)	후치령부전나비	○			
70.	*Aricia agestis* (Hübner)	백두산부전나비	○			
71.	*Vacciniina optilete* Knock	높은산부전나비	○			
72.	*Plebicula amanda* (Schneider)	함경부전나비	○			
73.	*Plebicula icarus* (Rottemburgh)	연푸른부전나비	○			구라파푸른부전나비
74.	*Eumedonia eumedon* (Esper)	대덕산부전나비	○			

Family Nymphalidae 네발나비과				
1. *Libythea celtis* (Laicharting) 뿔나비	○	○		
2. *Anosia chrysippus* (Linnaeus) 끝검은왕나비			○	
3. *Salatura genutia* (Cramer) 별선두리왕나비			○	
4. *Parantica sita* (Kollar) 왕나비	○	○		제주왕나비
5. *Mellicta plotina* (Bremer) 경원어리표범나비	○			
6. *Mellicta dictynna* (Esper) 은점어리표범나비	○			
7. *Mellicta britomartis* (Assmann) 봄어리표범나비	○	○		
8. *Mellicta ambigua* (Ménétriès) 여름어리표범나비	○	○		
9. *Melitaea regama* Fruhstorfer 담색어리표범나비	○	○		
10. *Melitaea didyma* (Ochsenheimer) 산어리표범나비	○			
11. *Melitaea scotosia* Butler 암어리표범나비	○	○		
12. *Melitaea arcesia* Bremer 북방어리표범나비	○			
13. *Hypodryas intermedia* (Ménétriès) 함경어리표범나비	○			
14. *Eurodryas aurinia* (Rottemburg) 금빛어리표범나비	○	○		
15. *Clossiana euphrosyne* (Linnaeus) 은점선표범나비	○			
16. *Clossiana selenis* (Eversmann) 꼬마표범나비	○			
17. *Clossiana selene sugitanii* (Seok) 산은점선표범나비	○			
18. *Clossiana perryi* (Butler) 작은은점선표범나비	○	○		성지은점선표범나비
19. *Clossiana oscarus* (Eversmann) 큰은점선표범나비	○	○		
20. *Clossiana angarensis* (Erschoff) 백두산표범나비	○			
21. *Clossiana thore* (Hübner) 산꼬마표범나비	○	○		
22. *Boloria titania* (Esper) 높은산표범나비	○			

	1	2	3	4
23. *Brenthis daphne* (Denis et Schiffermüller) 큰표범나비	○	○		
24. *Brenthis ino* (Rottemburg) 작은표범나비	○	○		
25. *Argyronome laodice* (Pallas) 흰줄표범나비	○	○		
26. *Argyronome ruslana* (Motschulsky) 큰흰줄표범나비	○	○		
27. *Nephargynnis anadyomene* (C. et R. Felder) 구름표범나비	○	○		
28. *Damora sagana* (Doubleday) 암검은표범나비	○	○		
29. *Argyreus hyperbius* (Linnaeus) 암끝검은표범나비		○		
30. *Argynnis paphia* (Linnaeus) 은줄표범나비	○	○		
31. *Childrena zenobia* (Leech) 산은줄표범나비	○	○		
32. *Childrena childreni* (Gray) 중국은줄표범나비			○	
33. *Fabriciana vorax* (Butler) 긴은점표범나비	○	○		
34. *Fabriciana adippe* (Linnaeus) 은점표범나비	○	○		
35. *Fabriciana nerippe* (C. et R. Felder) 왕은점표범나비	○	○		
36. *Speyeria aglaja* (Linnaeus) 풀표범나비	○	○		
37. *Limenitis camilla* (Linnaeus) 줄나비	○	○		
38. *Limenitis doerriesi* Staudinger 제이줄나비	○	○		
39. *Limenitis helmanni* Lederer 제일줄나비	○	○		
40. *Limenitis homeyeri* Tancré 제삼줄나비	○	○		
41. *Limenitis sydyi* Lederer 굵은줄나비	○	○		
42. *Limenitis amphyssa* Ménétriès 참줄나비사촌	○	○		
43. *Limenitis moltrechti* Kardakoff 참줄나비	○	○		
44. *Limenitis populi* (Linnaeus) 왕줄나비	○	○		
45. *Limenitis pratti* Leech 홍줄나비	○	○		

46. *Neptis alwina* (Bremer et Grey) 왕세줄나비	○	○		
47. *Neptis philyra* Ménétriès 세줄나비	○	○		
48. *Neptis philyroides* Staudinger 참세줄나비	○	○		
49. *Neptis sappho* (Pallas) 애기세줄나비	○	○		
50. *Neptis speyeri* Staudinger 높은산세줄나비	○	○		
51. *Neptis pryeri* Butler 별박이세줄나비	○	○		
52. *Neptis thisbe* Ménétriès 황세줄나비	○	○		
53. *Neptis tshetverikovi* Kurentzov 중국황세줄나비	○	○		
54. *Neptis themis* Leech 산황세줄나비	○	○		설악산황세줄나비
55. *Neptis rivularis* (Scopoli) 두줄나비	○	○		
56. *Aldania raddei* (Bremer) 어리세줄나비	○	○		
57. *Araschnia levana* (Linnaeus) 북방거꾸로여덟팔나비	○	○		
58. *Araschnia burejana* Bremer 거꾸로여덟팔나비	○	○		
59. *Polygonia c-aureum* (Linnaeus) 네발나비	○	○		남방씨-알붐나비
60. *Polygonia c-album* (Linnaeus) 산네발나비	○	○		씨-알붐나비
61. *Nymphalis vau-album* (Denis et Schiffermüller) 갈구리신선나비	○	○		
62. *Nymphalis antiopa* (Linnaeus) 신선나비	○	○		신부나비
63. *Inachis io* (Linnaeus) 공작나비	○	○		
64. *Aglais urticae* (Linnaeus) 쐐기풀나비	○	○		
65. *Nymphalis xanthomelas* (Denis et Schiffermüller) 들신선나비	○	○		
66. *Kaniska canace* (Linnaeus) 청띠신선나비	○	○		
67. *Vanessa indica* (Herbst) 큰멋쟁이나비	○	○		
68. *Cynthia cardui* (Linnaeus) 작은멋쟁이나비	○	○		

69. *Precis almana* (Linnaeus) 남방공작나비			○	
70. *Precis orithya* (Linnaeus) 남색남방공작나비			○	푸른남방공작나비
71. *Hypolimnas bolina* (Linnaeus) 남방오색나비			○	
72. *Hypolimnas misippus* (Linnaeus) 암붉은오색나비			○	
73. *Dichorragia nesimachus* (Doyère) 먹그림나비		○		
74. *Apatura ilia* (Denis et Schiffermüller) 오색나비	○	○		
75. *Apatura metis* Freyer 황오색나비	○	○		
76. *Apatura iris* (Linnaeus) 번개오색나비	○	○		
77. *Chitoria ulupi* (Doherty) 수노랑나비	○	○		
78. *Mimathyma schrenckii* (Ménétriès) 은판나비	○	○		
79. Mimathyma nycteis (Ménétriès) 밤오색나비	○	○		
80. *Dilipa fenestra* (Leech) 유리창나비	○	○		
81. *Hestina persimilis* (Westwood) 흑백알락나비	○	○		
82. *Hestina assimilis* (Linnaeus) 홍점알락나비	○	○		
83. *Sasakia charonda* (Hewitson) 왕오색나비	○	○		
84. *Sephisa princeps* (Fixsen) 대왕나비	○	○		
85. *Ypthima argus* Butler 애물결나비	○	○		
86. *Ypthima motschulskyi* (Bremer et Grey) 물결나비	○	○		
87. *Ypthima amphithea* Ménétriès 석물결나비		○		
88. *Erebia ligea* (Linnaeus) 높은산지옥나비	○			
89. *Erebia neriene* (Böber) 산지옥나비	○			
90. *Erebia rossii* Curtis 관모산지옥나비	○			
91. *Erebia embla* Thunberg 노랑지옥나비	○			

종명				
92. *Erebia cyclopia* (Eversmann) 외눈이지옥나비	○	○		
93. *Erebia wanga* Bremer 외눈이지옥사촌나비	○	○		외눈이사촌나비
94. *Erebia edda* Ménétriès 분홍지옥나비	○			엣다지옥나비
95. *Erebia radians* Staudinger 민무늬지옥나비	○			
96. *Erebia pawlowskii* Ménétriès 차일봉지옥나비	○			
97. *Erebia kozhantshikovi* (Sheljuzhko) 재순이지옥나비	○			
98. *Oeneis nanna* Ménétriès 참산뱀눈나비	○	○		
99. *Oeneis magna* Graeser 큰산뱀눈나비	○			
100. *Oeneis jutta* (Hübner) 높은산뱀눈나비	○			
101. *Oeneis urda* (Eversmann) 함경산뱀눈나비	○	○		
102. *Coenonympha hero* (Linnaeus) 도시처녀나비	○	○		
103. *Coenonympha glycerion* (Borkhausen) 북방처녀나비	○			
104. *Coenonympha oedippus* (Fabricius) 봄처녀나비	○	○		
105. *Coenonympha amaryllis* (Cramer) 시골처녀나비	○	○		
106. *Triphysa phryne* (Pallas) 줄그늘나비	○			
107. *Aphantopus hyperantus* (Linnaeus) 가락지나비	○	○		
108. *Minois dryas* (Scopoli) 굴뚝나비	○	○		
109. *Eumenis autonoe* (Esper) 산굴뚝나비	○	○		
110. *Ninguta schrenckii* (Ménétriès) 왕그늘나비	○	○		
111. *Kirinia fentoni* (Butler) 황알락그늘나비	○	○		
112. *Kirinia epimenides* (Ménétriès) 알락그늘나비	○	○		
113. *Lasiommata deidamia* (Eversmann) 뱀눈그늘나비	○	○		
114. *Lopinga achine* (Scopoli) 눈많은그늘나비	○	○		

		Col1	Col2	Col3	Col4
115. *Lethe diana* (Butler)	먹그늘나비	○	○		
116. *Lethe marginalis* (Motschulsky)	먹그늘나비붙이	○	○		
117. *Melanargia halimede* (Ménétriès)	흰뱀눈나비	○	○		
118. *Melanargia epimede* (Staudinger)	조흰뱀눈나비	○	○		
119. *Mycalesis gotama* Moore	부처나비	○	○		
120. *Mycalesis francisca* (Cramer)	부처사촌나비	○	○		
121. *Melanitis leda* (Linnaeus)	먹나비		○		
122. *Melanitis phedima oitensis* Matsumura	큰먹나비		○		

Family Hesperiidae 팔랑나비과

		Col1	Col2	Col3	Col4
1. *Bibasis striata* (Hewitson)	큰수리팔랑나비		○		
2. *Bibasis aquilina* (Speyer)	독수리팔랑나비	○	○		
3. *Choaspes benjaminii* (Guérin-Ménéville)	푸른큰수리팔랑나비		○		
4. *Lobocla bifasciata* (Bremer et Grey)	왕팔랑나비	○	○		
5. *Satarupa nymphalis* (Speyer)	대왕팔랑나비	○	○		
6. *Daimio tethys* (Ménétriès)	왕자팔랑나비	○	○		
7. *Erynnis montanus* (Bremer)	멧팔랑나비	○	○		
8. *Erynnis tages* (Linnaeus)	꼬마멧팔랑나비	○			
9. *Pyrgus malvae* (Linnaeus)	꼬마흰점팔랑나비	○	○		
10. *Pyrgus alveus* (Hübner)	북방흰점팔랑나비	○			
11. *Pyrgus maculatus* (Bremer et Grey)	흰점팔랑나비	○	○		
12. *Spialia sertorius* (Hoffmansegg)	함경흰점팔랑나비	○			
13. *Syrichtus tessellum* (Hübner)	왕흰점팔랑나비	○			
14. *Leptalina unicolor* (Bremer et Grey)	은줄팔랑나비	○	○		

Species					
15. *Carterocephalus palaemon* (Pallas) 북방알락팔랑나비	○				
16. *Carterocephalus silvicola* (Meigen) 수풀알락팔랑나비	○	○			
17. *Carterocephalus dieckmanni* (Graeser) 참알락팔랑나비	○	○			
18. *Carterocephalus argyrostigma* (Eversmann) 은점박이알락팔랑나비	○				
19. *Heteropterus morpheus* (Pallas) 돈무늬팔랑나비	○	○			
20. *Aeromachus inachus* (Ménétriès) 파리팔랑나비	○	○			글라이더팔랑나비
21. *Isoteinon lamprospilus* C. et R. Felder 지리산팔랑나비		○			
22. *Thymelicus lineola* (Ochsenheimer) 두만강팔랑나비	○				
23. *Thymelicus leoninus* (Butler) 줄꼬마팔랑나비	○	○			
24. *Thymelicus sylvaticus* (Bremer) 수풀꼬마팔랑나비	○	○			
25. *Hesperia florinda* Butler 꽃팔랑나비	○	○			
26. *Ochlodes venatus* (Bremer et Grey) 수풀떠들썩팔랑나비	○	○			
27. *Ochlodes subhyalina* (Bremer et Grey) 유리창떠들썩팔랑나비	○	○			
28. *Ochlodes ochraceus* (Bremer) 검은테떠들썩팔랑나비	○	○			
29. *Potanthus flavus* (Murray) 황알락팔랑나비	○	○			
30. *Polytremis pellucida* (Murray) 산팔랑나비	○	○			
31. *Pelopidas mathias* (Fabricius) 제주꼬마팔랑나비		○			
32. *Pelopidas jansonis* (Butler) 산줄점팔랑나비	○	○			직각줄점팔랑나비
33. *Parnara guttata* (Bremer et Grey) 줄점팔랑나비	○	○			

찾아보기

각시멧노랑나비 ·············· 46

갈구리나비 ················· 50

거꾸로여덟팔나비 ············ 89

굴뚝나비 ·················· 107

극남노랑나비 ··············· 45

기생나비 ·················· 42

꼬리명주나비 ··············· 33

남방노랑나비 ··············· 44

남방부전나비 ··············· 62

네발나비(남방씨—알붐나비) ····· 91

노랑나비 ·················· 49

대만흰나비 ················ 51

대왕나비 ················· 102

도시처녀나비 ·············· 106

돈무늬팔랑나비 ············· 119

두줄나비 ·················· 87

먹그림나비 ················ 96

멧노랑나비 ················ 48

멧팔랑나비 ················ 116

모시나비 ·················· 31

물결나비 ·················· 103

밤오색나비 ················ 100

배추흰나비 ················ 53

번개오색나비 ··············· 98

별박이세줄나비 ············· 84

봄어리표범나비 ············· 73

부전나비 ·················· 66

부처나비 ················· 110

부처사촌나비 ·············· 112

북방거꾸로여덟팔나비 ········· 88

북방기생나비 ··············· 43

뿔나비 ··················· 70

사향제비나비 ··············· 34

산꼬마부전나비 ············· 65

산네발나비(씨—알붐나비) ······ 92

산제비나비 ················ 38

산지옥나비 ··············· 105

수풀떠들썩팔랑나비 ·········· 122

수풀알락팔랑나비 ··········· 117

암끝검은표범나비 ············ 79

암먹부전나비 ················· 63

애물결나비 ················104

애호랑나비(이른봄애호랑나비) ······

················· 30

여름어리표범나비 ··········· 74

왕나비 ························ 71

왕자팔랑나비 ···············115

왕팔랑나비 ·················114

유리창나비 ·················101

유리창떠들썩팔랑나비 ········121

은점표범나비 ················ 81

은줄표범나비 ················ 80

은판나비 ···················· 99

작은멋쟁이나비 ·············· 95

작은은점선표범나비 ··········· 75

작은주홍부전나비 ············ 60

작은홍띠점박이푸른부전나비 ·· 68

제비나비 ···················· 40

제이줄나비 ·················· 82

제일줄나비 ·················· 83

조흰뱀눈나비 ················109

줄점팔랑나비 ················124

줄흰나비 ···················· 55

중국황세줄나비 ·············· 86

지리산팔랑나비 ·············120

참까마귀부전나비 ············ 58

참알락팔랑나비 ···········118

청띠신선나비 ··············· 93

큰멋쟁이나비 ··············· 94

큰주홍부전나비 ············· 59

큰줄흰나비 ················· 54

큰표범나비 ················· 76

큰흰줄표범나비 ············· 78

푸른부전나비 ··············· 64

풀흰나비 ··················· 56

호랑나비 ··················· 37

황세줄나비 ················· 85

황알락팔랑나비 ·············123

황오색나비 ················· 97

흰줄표범나비 ··············· 77

참고 문헌

김정환·이원규, 『우리 나비 백가지』, 현암사, 1992.

김정환·홍세선, 『한국산 나비의 역사와 일본 특산종 나비의 기원』, 집현사, 1991.

김창환, 『한국곤충분포도감(나비편)』, 고려대학교출판부, 1977.

남상호, 『원색도감 한국의 곤충』, 교학사, 1996.

남상호, 『한국곤충생태도감(Ⅴ.나비목)』, 고려대학교 한국곤충연구소, 1998.

석주명, 『한국접류분포도(韓國蝶類分布圖)』, 보진재, 1973.

신유항, 『한국나비도감』, 아카데미서적, 1991.

이승모, 『한국접지(韓國蝶誌)』, Insecta Koreana 편집위원회, 1982.

조복성, 『한국동물도감 나비류』, 문교부, 1959.

주흥재·김성수·손정달, 『원색도감 한국의 나비』, 교학사, 1997.

J. H. Leech, 『Butterflies from China』, Japan and Corea, London, 1892
～1894.

森爲三·土居寬暢·趙福成, 『原色朝鮮の蝶類』, 朝鮮印刷株式會社, 京城, 1934.

Seok, D. M., 「A Synonymic List of Butterflies of Korea」, 1939.

빛깔있는 책들 301-37

한국의 나비

글	—남상호
사진	—이수영, 남상호
발행인	—장세우
발행처	—주식회사 대원사
편집	—박수진, 김분하, 김수영, 권효정
미술	—김지연
총무	—이훈, 이규헌, 정광진
영업	—김기태, 이승욱, 문제훈, 강미영, 이재수
이사	—이명훈

첫판 1쇄 —1999년 3월 5일 발행
첫판 4쇄 —2007년 1월 30일 발행

주식회사 대원사
우편번호/140-901
서울 용산구 후암동 358-17
전화번호/(02) 757-6717~9
팩시밀리/(02) 775-8043
등록번호/제 3-191호
http://www.daewonsa.co.kr

(₩) 값 13,000원

Daewonsa Publishing Co., Ltd.
Printed in Korea(1999)

ISBN 89-369-0224-5 04490

빛깔있는 책들

민속(분류번호:101)

1 짚문화	2 유기	3 소반	4 민속놀이(개정판)	5 전통 매듭
6 전통 자수	7 복식	8 팔도 굿	9 제주 성읍 마을	10 조상 제례
11 한국의 배	12 한국의 춤	13 전통 부채	14 우리 옛 악기	15 솟대
16 전통 상례	17 농기구	18 옛다리	19 장승과 벅수	106 옹기
111 풀문화	112 한국의 무속	120 탈춤	121 동신당	129 안동 하회 마을
140 풍수지리	149 탈	158 서낭당	159 전통 목가구	165 전통 문양
169 옛 안경과 안경집	187 종이 공예 문화	195 한국의 부엌	201 전통 옷감	209 한국의 화폐
210 한국의 풍어제				

고미술(분류번호:102)

20 한옥의 조형	21 꽃담	22 문방사우	23 고인쇄	24 수원 화성
25 한국의 정자	26 벼루	27 조선 기와	28 안압지	29 한국의 옛 조경
30 전각	31 분청사기	32 창덕궁	33 장석과 자물쇠	34 종묘와 사직
35 비원	36 옛책	37 고분	38 서양 고지도와 한국	39 단청
102 창경궁	103 한국의 누	104 조선 백자	107 한국의 궁궐	108 덕수궁
109 한국의 성곽	113 한국의 서원	116 토우	122 옛기와	125 고분 유물
136 석등	147 민화	152 북한산성	164 풍속화(하나)	167 궁중 유물(하나)
168 궁중 유물(둘)	176 전통 과학 건축	177 풍속화(둘)	198 옛 궁궐 그림	200 고려 청자
216 산신도	219 경복궁	222 서원 건축	225 한국의 암각화	226 우리 옛 도자기
227 옛 전돌	229 우리 옛 질그릇	232 소쇄원	235 한국의 향교	239 청동기 문화
243 한국의 황제	245 한국의 읍성	248 전통 장신구	250 전통 남자 장신구	

불교 문화(분류번호:103)

40 불상	41 사원 건축	42 범종	43 석불	44 옛절터
45 경주 남산(하나)	46 경주 남산(둘)	47 석탑	48 사리구	49 요사채
50 불화	51 괘불	52 신장상	53 보살상	54 사경
55 불교 목공예	56 부도	57 불화 그리기	58 고승 진영	59 미륵불
101 마애불	110 통도사	117 영산재	119 지옥도	123 산사의 하루
124 반가사유상	127 불국사	132 금동불	135 만다라	145 해인사
150 송광사	154 범어사	155 대흥사	156 법주사	157 운주사
171 부석사	178 철불	180 불교 의식구	220 전탑	221 마곡사
230 갑사와 동학사	236 선암사	237 금산사	240 수덕사	241 화엄사
244 다비와 사리	249 선운사	255 한국의 가사		

음식 일반(분류번호:201)

60 전통 음식	61 팔도 음식	62 떡과 과자	63 겨울 음식	64 봄가을 음식
65 여름 음식	66 명절 음식	166 궁중음식과 서울음식		207 통과 의례 음식
214 제주도 음식	215 김치	253 장醬		

건강 식품(분류번호 : 202)

105 민간 요법   181 전통 건강 음료

즐거운 생활(분류번호 : 203)

67 다도	68 서예	69 도예	70 동양란 가꾸기	71 분재
72 수석	73 칵테일	74 인테리어 디자인	75 낚시	76 봄가을 한복
77 겨울 한복	78 여름 한복	79 집 꾸미기	80 방과 부엌 꾸미기	81 거실 꾸미기
82 색지 공예	83 신비의 우주	84 실내 원예	85 오디오	114 관상학
115 수상학	134 애견 기르기	138 한국 춘란 가꾸기	139 사진 입문	172 현대 무용 감상법
179 오페라 감상법	192 연극 감상법	193 발레 감상법	205 쪽물들이기	211 뮤지컬 감상법
213 풍경 사진 입문	223 서양 고전음악 감상법		251 와인	254 전통주

건강 생활(분류번호 : 204)

86 요가	87 볼링	88 골프	89 생활 체조	90 5분 체조
91 기공	92 태극권	133 단전 호흡	162 택견	199 태권도
247 씨름				

한국의 자연(분류번호 : 301)

93 집에서 기르는 야생화	94 약이 되는 야생초	95 약용 식물	96 한국의 동굴
97 한국의 텃새	98 한국의 철새	99 한강	100 한국의 곤충	118 고산 식물
126 한국의 호수	128 민물고기	137 야생 동물	141 북한산	142 지리산
143 한라산	144 설악산	151 한국의 토종개	153 강화도	173 속리산
174 울릉도	175 소나무	182 독도	183 오대산	184 한국의 자생란
186 계룡산	188 쉽게 구할 수 있는 염료 식물	189 한국의 외래 · 귀화 식물	
190 백두산	197 화석	202 월출산	203 해양 생물	206 한국의 버섯
208 한국의 약수	212 주왕산	217 홍도와 흑산도	218 한국의 갯벌	224 한국의 나비
233 동강	234 대나무	238 한국의 샘물	246 백두고원	256 거문도와 백도
257 거제도				

미술 일반(분류번호 : 401)

130 한국화 감상법	131 서양화 감상법	146 문자도	148 추상화 감상법	160 중국화 감상법
161 행위 예술 감상법	163 민화 그리기	170 설치 미술 감상법	185 판화 감상법	
191 근대 수묵 채색화 감상법		194 옛 그림 감상법	196 근대 유화 감상법	204 무대 미술 감상법
228 서예 감상법	231 일본화 감상법	242 사군자 감상법		

역사(분류번호 : 501)

252 신문